职业教育**数字媒体应用**
人才培养系列教材

U0734228

电子活页微课版

After Effects
实例教程

After Effects 2020
·第·2·版·

李伟 孙超◎主编　苟元琴 李嘉 吴梦婷 朱戎◎副主编

人民邮电出版社
北京

图书在版编目（ＣＩＰ）数据

After Effects实例教程：After Effects 2020：
电子活页微课版 / 李伟，孙超主编. -- 2版. -- 北京：
人民邮电出版社，2024.5
　职业教育数字媒体应用人才培养系列教材
　ISBN 978-7-115-62854-1

Ⅰ．①A… Ⅱ．①李… ②孙… Ⅲ．①图像处理软件—
职业教育－教材 Ⅳ．①TP391.413

中国国家版本馆CIP数据核字(2023)第190834号

内 容 提 要

　　本书全面、系统地介绍 After Effects 2020 的基本操作方法和影视后期制作技巧，内容包括 After Effects 入门知识、应用图层、应用蒙版、应用"时间轴"面板制作效果、创建文字、应用效果、跟踪运动与表达式、抠像、声音效果、三维合成效果、渲染与输出及综合设计实训等内容。

　　本书的讲解以案例为主线，通过案例的制作帮助学生快速熟悉软件功能和影视后期设计与制作思路。软件功能解析部分可以帮助学生深入学习软件功能和影视后期制作技巧；课堂练习和课后习题部分可以提高学生的实际应用能力，帮助学生提高软件的使用技巧。本书最后一章精心安排了 6 个综合设计实训，力求通过这些实训提高学生的影视后期设计与制作能力。

　　本书适合作为高等职业院校数字媒体艺术相关专业 After Effects 课程的教材，也可作为 After Effects 自学人员的参考书。

◆ 主　　编　李　伟　孙　超
　　副主编　苟元琴　李　嘉　吴梦婷　朱　戎
　　责任编辑　刘　佳
　　责任印制　王　郁　焦志炜
◆ 人民邮电出版社出版发行　　北京市丰台区成寿寺路 11 号
　　邮编　100164　　电子邮件　315@ptpress.com.cn
　　网址　https://www.ptpress.com.cn
　　固安县铭成印刷有限公司印刷
◆ 开本：787×1092　1/16
　　印张：14.75　　　　　　　　　　　2024 年 5 月第 2 版
　　字数：370 千字　　　　　　　　　2025 年 8 月河北第 3 次印刷

定价：59.80 元

读者服务热线：(010)81055256　印装质量热线：(010)81055316
反盗版热线：(010)81055315

　　本书全面贯彻党的二十大精神,以社会主义核心价值观为引领,传承中华优秀传统文化,坚定文化自信,使内容更好体现时代性,把握规律性,富于创造性。

　　After Effects 是由 Adobe 公司开发的影视后期制作软件。它功能强大、易学易用,深受广大影视制作爱好者和影视后期设计师的喜爱,是影视后期制作领域最流行的软件之一。目前,我国很多高等职业院校的数字媒体艺术相关专业都将 After Effects 作为一门重要的专业课程。为了帮助高等职业院校的教师全面、系统地讲授这门课程,使学生能够熟练使用 After Effects 进行影视后期制作,我们几位长期在高等职业院校从事 After Effects 教学的教师和经验丰富的专业影视制作公司设计师合作,共同编写了本书。

　　本书的体系结构经过精心的设计,按照"课堂案例→软件功能解析→课堂练习→课后习题→商业设计实训"这一思路编排,力求通过课堂案例,帮助学生快速熟悉软件功能和影视后期设计与制作思路;通过软件功能解析,帮助学生深入学习软件功能;通过课堂练习和课后习题,提高学生的实际应用能力;通过商业设计实训,提高学生的影视后期设计与制作能力。本书在内容编写方面,力求细致全面、重点突出;在文字叙述方面,注重言简意赅、通俗易懂;在案例选取方面,强调案例的针对性和实用性。

　　本书配套云盘包含书中所有案例的素材及效果文件。另外,为方便教师教学,本书配备了详尽的课堂练习和课后习题的操作视频以及 PPT 课件、教学大纲等丰富的教学资源,任课教师可到人邮教育社区(www.ryjiaoyu.com)免费下载。本书的参考学时为 60 学时,其中实训环节的参考学时为 20 学时,各章的参考学时参见下面的学时分配表。

FOREWORD

章	课程内容	学 时 分 配	
		讲 授	实 训
第 1 章	After Effects 入门知识	2	—
第 2 章	应用图层	4	2
第 3 章	应用蒙版	4	2
第 4 章	应用"时间轴"面板制作效果	4	2
第 5 章	创建文字	2	2
第 6 章	应用效果	6	2
第 7 章	跟踪运动与表达式	2	2
第 8 章	抠像	2	2
第 9 章	声音效果	2	2
第 10 章	三维合成效果	4	2
第 11 章	渲染与输出	2	—
第 12 章	综合设计实训	6	2
学 时 总 计		40	20

由于编者水平有限，书中难免存在不妥之处，敬请广大读者批评指正。

编 者
2023 年 10 月

扩展知识扫码阅读

设计基础

✔认识形体　✔透视原理

✔认识设计　✔认识构成

✔形式美法则　✔点线面

✔基本型与骨骼　✔认识色彩

✔认识图案　✔图形创意

✔版式设计　✔字体设计

>>>

设计应用

 ✔创意绘画　 ✔图标设计

 ✔装饰设计　 ✔VI设计

 ✔UI设计　 ✔UI动效设计

 ✔标志设计　 ✔包装设计

 ✔广告设计　 ✔文创设计

 ✔网页设计　 ✔H5页面设计

 ✔电商设计　 ✔MG动画设计

 ✔网店美工设计　 ✔新媒体美工设计

目 录

CONTENTS

CONTENTS

目　录

CONTENTS

目 录

01

第1章
After Effects 入门知识

本章介绍 After Effects 的工作界面、影视制作的基础知识、文件格式以及视频的输出。读者通过对本章的学习，可以快速了解并掌握 After Effects 的入门知识，为后面的学习打下坚实的基础。

学习目标

- 了解 After Effects 的工作界面
- 掌握影视制作的基础知识
- 了解文件格式以及视频的输出

素养目标

- 培养在 After Effects 软件学习中不断加强兴趣的能力
- 培养获取 After Effects 软件新知识的基本能力
- 培养树立文化自信、职业自信的能力

1.1 After Effects 的工作界面

After Effects 允许用户定制工作界面的布局，用户可以根据工作需要移动和重新组合工作界面中的工具栏和面板。

1.1.1 菜单栏

菜单栏几乎是所有软件界面都具备的组成部分，它包含软件全部功能的命令。After Effects 提供了 9 个菜单，分别为文件、编辑、合成、图层、效果、动画、视图、窗口、帮助，如图 1-1 所示。

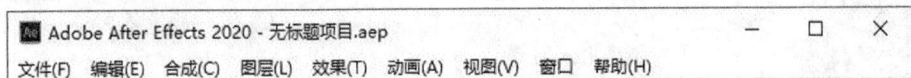

Adobe After Effects 2020 - 无标题项目.aep

文件(F)　编辑(E)　合成(C)　图层(L)　效果(T)　动画(A)　视图(V)　窗口　帮助(H)

图 1-1

1.1.2 "项目"面板

导入 After Effects 的所有文件以及创建的所有合成文件、图层等，都可以在"项目"面板中找到，并可以清楚地看到每个文件的类型、大小、媒体持续时间、文件路径等。选中某个文件时，可以在"项目"面板的上部查看该文件的缩略图和属性，如图 1-2 所示。

图 1-2

1.1.3 工具栏

工具栏提供了各种影视后期制作与处理的工具，有些工具按钮的右下角有三角形标记，表示其中含有隐藏的工具。例如，在"矩形工具"▣上按住鼠标左键不放，会显示出隐藏的工具。

工具栏如图 1-3 所示，包括"选取工具"▶、"手形工具"✋、"缩放工具"🔍、"旋转工具"↻、"统一摄像机工具"📷、"向后平移（锚点）工具"▣、"矩形工具"▣、"钢笔工具"✒、"横排文字工具"🅣、"画笔工具"🖌、"仿制图章工具"🔖、"橡皮擦工具"◈、"Roto 笔刷工具"🔧、"人偶位置控点工具"✦、"本地轴模式"工具🔺、"世界轴模式"工具🔺、"视图轴模式"工具🔧。

图 1-3

1.1.4 "合成"面板

"合成"面板可直接显示素材组合效果后的合成画面。在该面板中，不仅可以预览效果，还可以对素材进行编辑（如调整大小和设置分辨率）。用户可调整面板的显示比例、视图模式、当前时间、显示标尺及图层线框等。"合成"面板是 After Effects 中非常重要的工作面板，如图 1-4 所示。

图 1-4

1.1.5　"时间轴"面板

在"时间轴"面板中，可以精确设置合成中各素材的位置、时间、效果和属性等，还可以调整图层的排列顺序和制作关键帧动画，如图 1-5 所示。

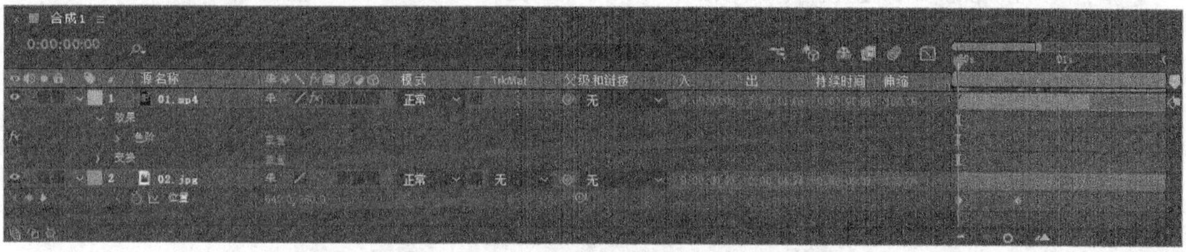

图 1-5

1.2　影视制作的基础知识

在影视制作中，素材的输入格式和输出格式设置不统一、视频标准多，都会导致视频产生变形、抖动等问题。

1.2.1　像素比

不同规格的电视所用的像素比是不一样的，在计算机中播放视频时，使用的像素比为 1∶1；在电视机中播放视频时，使用 D1/DV PAL（1.09）的像素比，以保证在实际播放时画面不变形。

选择"合成 > 新建合成"命令，在打开的对话框中设置像素比，如图 1-6 所示。

选择"项目"面板中的视频素材，选择"文件 > 解释素材 > 主要"命令，打开图 1-7 所示的对话框，在这里可以设置导入素材的 Alpha 通道、帧速率、场和像素比等。

图 1-6

图 1-7

1.2.2　分辨率

普通电视和数字多功能光盘（Digital Video Disc，DVD）的分辨率是 720 像素×576 像素。设置时应尽量使用同一尺寸，以保证分辨率统一。

分辨率过大的视频在制作时会占用大量的计算机资源，分辨率过小的视频则会在播放时出现清晰度不够的问题。

选择"合成 > 新建合成"命令，或按 Ctrl+N 组合键，在弹出的对话框中可进行分辨率的设置，如图 1-8 所示。

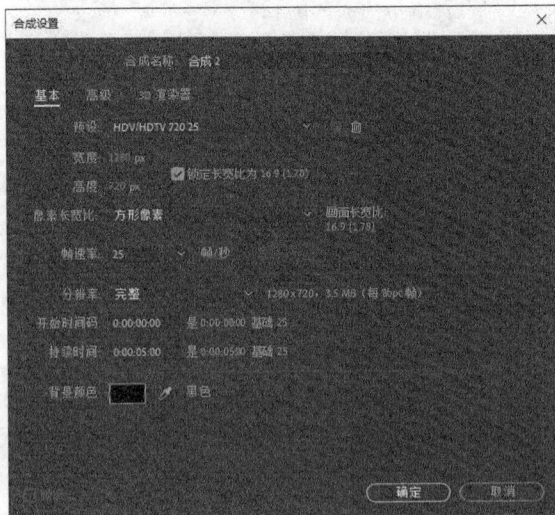

图 1-8

1.2.3 帧速率

PAL 制式电视的帧速率是 25 帧/秒，也就是每秒播放 25 个画面。只有使用正确的帧速率，视频才能流畅地播放。过高的帧速率会导致资源浪费，过低的帧速率会使画面不流畅，从而产生抖动。

选择"文件 > 项目设置"命令，或按 Ctrl+Alt+Shift+K 组合键，在弹出的对话框中选择"时间显示样式"选项卡，如图 1-9 所示。

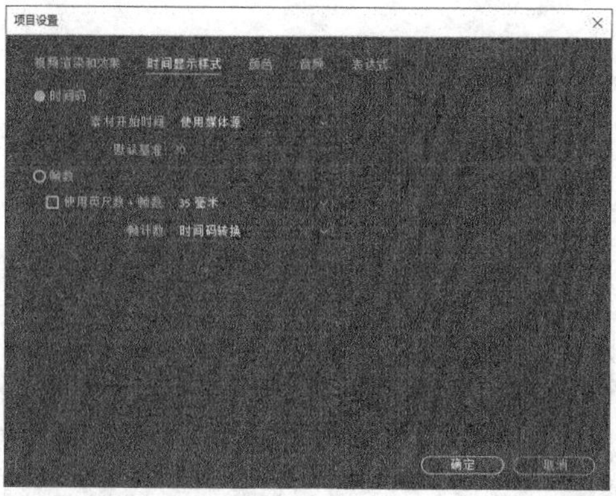

图 1-9

> **提示**
>
> 这里设置的是时间码。如果要按帧制作视频，可以选择"项目设置"对话框"时间显示样式"选项卡中的"帧数"单选项，这样不会影响最终的帧速率。

也可以选择"合成 > 新建合成"命令，在弹出的对话框中设置帧速率，如图 1-10 所示。

还可以选择"项目"面板中的视频素材，选择"文件 > 解释素材 > 主要"命令，在弹出的对话框中设置帧速率，如图 1-11 所示。

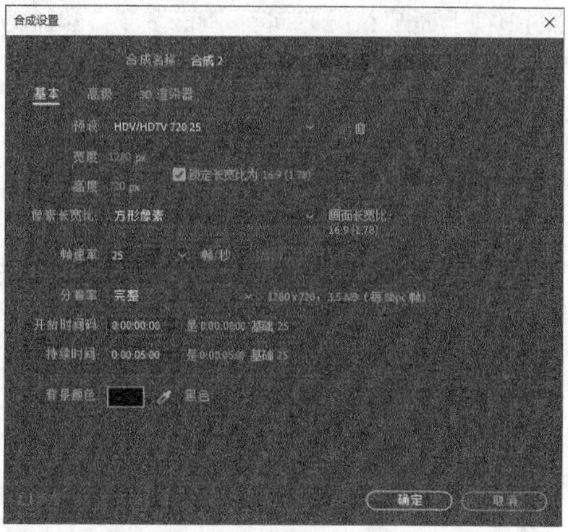

图 1-10

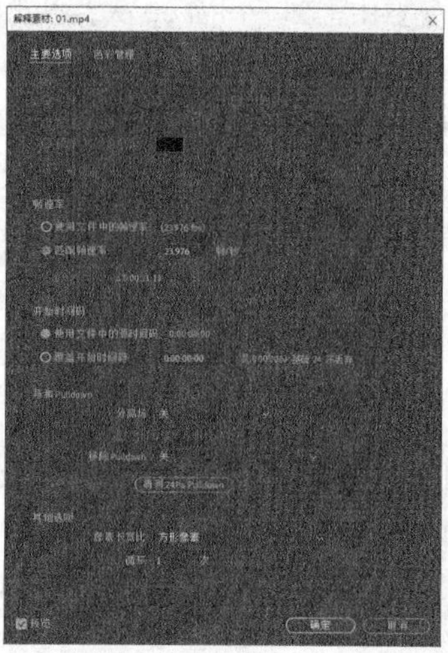

图 1-11

> **提示**
> 　　如果是序列，则需要将帧速率设置为 25 帧/秒；如果是文件，则不需要修改帧速率，因为文件本身包括了帧速率信息，并且会被 After Effects 识别，修改这个设置会改变原有的播放速率。

1.2.4　安全框

安全框以外的部分在播放时不会显示，安全框以内的部分会完全显示。

单击"合成"面板左下角的"选择网格和参考线选项"按钮，在弹出的菜单中选择"标题/动作安全"命令，即可打开安全框，如图 1-12 所示。

图 1-12

1.2.5　场

场是隔行扫描的产物，扫描画面时，由上到下扫描，先扫描奇数行，再扫描偶数行，两次扫描完成一幅图像。由上到下扫描一次叫作一个场，一幅画面需要扫描两个场才能完成。在扫描 25 帧/秒的图像时，需要由上到下扫描 50 次，也就是每个场间隔 1/50 秒。如果制作奇数行和偶数行扫描时间间隔 1/50 秒的有场图像，就可以在隔行扫描的 25 帧/秒的电视上显示 50 幅画面。画面多了自然流畅，跳动的效果就会减弱，但是场会加重图像锯齿。

要在 After Effects 中导入有场的文件，可以选择"文件 > 解释素材 > 主要"命令，在弹出的对话框中进行场的设置，如图 1-13 所示。

在 After Effects 中输出有场的文件的相关操作如下。

按 Ctrl+M 组合键，弹出"渲染队列"面板，单击"最佳设置"按钮，在弹出的"渲染设置"对话框的"场渲染"下拉列表中选择输出场的方式，如图 1-14 所示。

> **提示**
> 　　如果使用场景渲染方法生成动画，在电视上播放时会出现场错误而导致的问题。这说明素材使用的是下场，需要选择动画素材后按 Ctrl+F 组合键，在弹出的对话框中选择下场。

如果画面跳格是因为将 30 帧转换为 25 帧而产生了帧丢失，就需要选择"3:2 Pulldown"下拉列表中的场偏移方式。

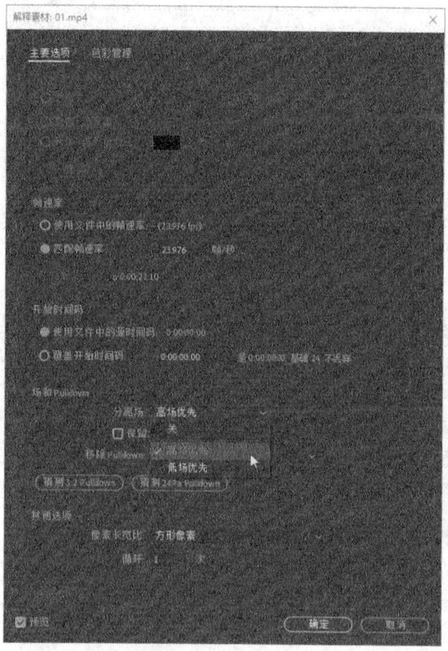

图 1-13

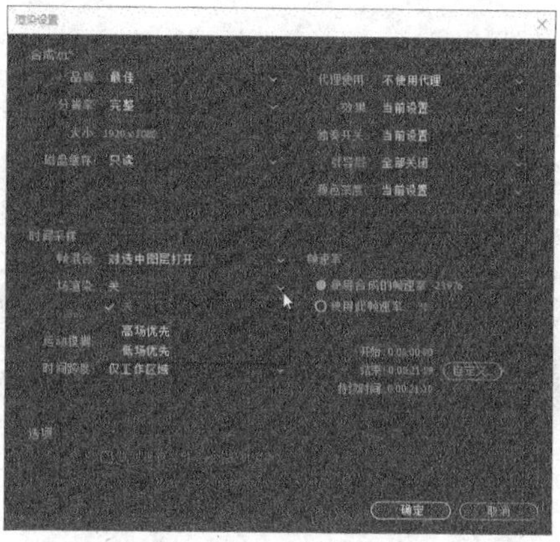

图 1-14

1.2.6 运动模糊

运动模糊会产生拖尾效果，使每帧画面更接近，减少每帧之间因为画面差距大而出现的闪烁或抖动，但这要牺牲图像的清晰度。

按 Ctrl+M 组合键，弹出"渲染队列"面板，单击"最佳设置"按钮，在弹出的"渲染设置"对话框中可设置运动模糊，如图 1-15 所示。

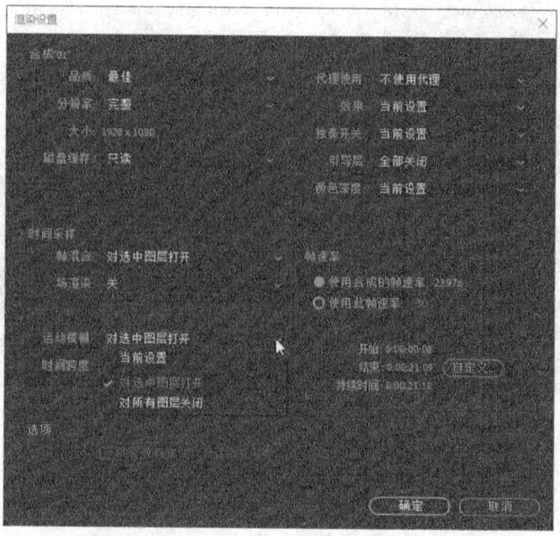

图 1-15

1.2.7 帧混合

帧混合可以用来消除画面的轻微抖动，有场的图像也可以用来抗锯齿，但效果有限。在 After

Effects 中，帧混合的相关设置如图 1-16 所示。

按 Ctrl+M 组合键，弹出"渲染队列"面板，单击"最佳设置"按钮，在弹出的"渲染设置"对话框中可设置帧混合参数，如图 1-17 所示。

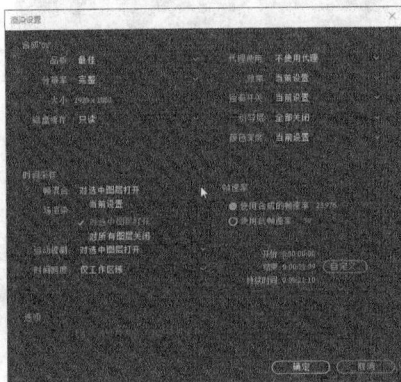

图 1-16   图 1-17

1.2.8　抗锯齿

锯齿的出现会使图像粗糙、不精细。提高图像质量是消除锯齿的主要办法，但有场的图像只有通过添加模糊效果、牺牲清晰度来抗锯齿。

按 Ctrl+M 组合键，弹出"渲染队列"面板，单击"最佳设置"按钮，在弹出的"渲染设置"对话框中设置参数以抗锯齿，如图 1-18 所示。

如果是矢量图形，则可以单击 ▦ 按钮，一帧帧地重新计算矢量图形的分辨率，如图 1-19 所示。

图 1-18   图 1-19

1.3　文件格式以及视频的输出

在 After Effects 中，有常用的图形图像文件格式、常用的视频压缩编码格式、常用的音频压缩编码格式等多种文件格式，还可以根据视频输出设置输出视频。

1.3.1　常用的图形图像文件格式

1．GIF 格式

图像互换格式（Graphics Interchange Format，GIF）是 CompuServe 公司开发的存储 8 位图像的文件格式，支持图像的透明背景，采用无失真压缩技术，多用于网页制作和网络传输。

2．JPEG 格式

联合图像专家组（Joint Photographic Experts Group，JPEG）格式是采用静止图像压缩编码技术的图像文件格式，是目前网络上应用非常广泛的图像格式，支持不同的压缩比。

3．BMP 格式

BMP 格式最初是 Windows 操作系统中的画图软件使用的图像文件格式，现在已经被多种图形图像处理软件支持和使用。它是位图格式，有单色位图、16 色位图、256 色位图、24 位真彩色位图等。

4．PSD 格式

PSD 格式是 Adobe 公司开发的图像处理软件 Photoshop 使用的图像文件格式，它能保留 Photoshop 制作流程中各图层的图像信息，越来越多的图像处理软件开始支持这种图像文件格式。

5．TIFF 格式

标签图像文件格式（Tag Image File Format，TIFF）是 Aldus 公司和微软公司为扫描仪和台式计算机出版软件开发的图像文件格式。TIFF 与 JPEG 格式一样，受到业界的广泛欢迎。

6．EPS 格式

EPS（Encapsulated Post Script）格式包含矢量图形和位图图像，几乎支持所有的图形和页面排版程序。EPS 格式用于在应用程序之间传输 PostScript 语言图稿。在 Photoshop 中打开用其他程序创建的包含矢量图形的 EPS 文件时，Photoshop 会对此文件进行栅格化，将矢量图形转换为位图图像。EPS 格式支持多种颜色模式，还支持剪贴路径，但不支持 Alpha 通道。

1.3.2　常用的视频压缩编码格式

1．AVI 格式

音频视频交错（Audio Video Interleaved，AVI）格式可以将视频和音频交织在一起同步播放。AVI 格式的优点是图像质量好，可以跨多个平台使用；缺点是文件过于庞大，更加糟糕的是压缩标准不统一，因此经常会遇到高版本 Windows 媒体播放器播放不了采用早期编码结构编辑的 AVI 格式视频，而低版本 Windows 媒体播放器又播放不了采用较新编码结构编辑的 AVI 格式视频的情况。

2．DV-AVI 格式

数码摄像机就是使用 DV-AVI（Digital Video AVI）格式记录视频数据的。它可以通过计算机的 IEEE 1394 端口传输视频数据到计算机中，也可以将计算机中编辑好的视频数据回录到数码摄像机中。因为这种格式的文件扩展名一般也是.avi，所以人们习惯叫它 DV-AVI 格式。

3．MPEG 格式

动态图像专家组（Moving Picture Experts Group，MPEG）格式是 VCD、SVCD、DVD 使用的格式。MPEG 格式是运动图像的压缩算法的国际标准，它采用有损压缩方法来减少运动图像中的冗余信息。MPEG 格式的压缩方法深入一点地讲就是保留相邻两幅画面绝大多数相同的部分，把后续图像中与前面图像冗余的部分去除，从而达到压缩的目的。目前 MPEG 格式有 3 个压缩标准，分别是 MPEG-1、MPEG-2 和 MPEG-4。

● MPEG-1 是针对 1.5Mbit/s 以下数据传输速率的数字存储媒体运动图像及其伴音编码而设计的国际标准，也就是常见的 VCD 格式。这种视频格式的文件扩展名包括.mpg、.mlv、.mpe、.mpeg 及 VCD 中的.dat 等。

● MPEG-2 的设计目标为高级工业标准的图像质量以及更高的传输速率。这种格式主要应用在 DVD 与 SVCD 的制作（压缩）方面，同时在一些高清晰度电视（High Definition Television，HDTV）和一些高要求视频编辑与处理中也有相当多的应用。这种格式的文件扩展名包括.mpg、.mlv、.mpe、.mpeg、.m2v 及 DVD 中的.vob 等。

● MPEG-4 是为了播放流式媒体的高质量视频而专门设计的，它可以利用很低的带宽，通过帧重建技术压缩和传输数据，以求使用最少的数据获得最佳的图像质量。MPEG-4 最有吸引力的地方在于它能够保存接近于 DVD 画质的小视频文件。这种格式的文件扩展名包括.asf、.mov、.divx 和.avi 等。

4. H.264 格式

H.264 格式是由 ISO/IEC 与 ITU-T 组成的联合视频组（Joint Video Team，JVT）制定的新一代视频压缩编码标准。在 ISO/IEC 中，该标准被命名为高级视频编码（Advanced Video Coding，AVC），作为 MPEG-4 标准的第 10 个选项，在 ITU-T 中被正式命名为 H.264 标准。

H.264 和 H.261、H.263 一样，都采用离散余弦变换（Discrete Cosine Transform，DCT）编码加差分脉冲编码调制（Differential Pulse Code Modulation，DPCM）的差分编码，即混合编码结构。同时，H.264 在混合编码的框架下引入新的编辑方式，提高了编辑效率，更贴近实际应用。

H.264 没有烦琐的选项，而是力求简洁。它具有比 H.263 更好的压缩性能，又具有适应多种信道的能力。

H.264 应用广泛，可满足各种不同速率、不同场合的视频应用，具有良好的抗误码和抗丢包能力。

H.264 的基本系统无须使用版权，具有开放的性质，能很好地适应 IP 和无线网络的使用环境，这对目前在因特网中传输多媒体信息、在移动网中传输带宽信息等都具有重要意义。

H.264 使运动图像压缩技术提升到了更高的水平，在较低带宽上提供高质量的图像传输是 H.264 的应用亮点。

5. DivX 格式

DivX 格式是由 MPEG-4 衍生出的一种视频编码（压缩）标准，也就是通常所说的 DVDRip 格式，它在采用 MPEG-4 压缩算法的同时，综合了 MPEG-4 与 MP3 各方面的技术，也就是使用 DivX 压缩技术对 DVD 的视频图像进行高质量压缩，同时使用 MP3 和 AC3 对音频进行压缩，然后将视频与音频合成并加上相应的外挂字幕文件。

6. MOV 格式

MOV 格式是由苹果公司开发的一种视频格式，默认的播放器是 Quick Time Player。它具有较高的压缩比和较完美的视频清晰度，但是其最大的特点是跨平台性，不仅支持 macOS，而且支持 Windows 系统。

7. ASF 格式

高级串流格式（Advanced Streaming Format，ASF）是微软公司为了和 RealPlayer 竞争而推出的一种视频格式，可以直接使用 Windows Media Player 播放 ASF 格式的视频。由于它使用了

MPEG-4 的压缩算法，所以它在压缩比和图像质量方面的表现都很不错。

8. RM 格式

RM（Real Media）格式是 RealNetworks 公司制定的音视频压缩规范，用户可以使用 RealPlayer 和 RealONE Player 定时播放符合 RM 技术规范的网络音视频资源，并且 RM 还可以根据不同的网络传输速率制定出不同的压缩比，从而实现在低速率的网络上实时传送影像数据。这种格式的另一个特点是用户使用 RealPlayer 或 RealONE Player 播放器可以在不下载音视频内容的条件下，实现在线播放。

9. RMVB 格式

RMVB 格式是一种由 RM 格式延伸出的视频格式，RMVB 格式的先进之处在于打破了 RM 格式的平均压缩采样的方式，在保证平均压缩比的基础上，合理利用浮动比特率编码方式，即静止和动作场面少的画面场景采用较低的编码速率，这样可以留出更多的带宽，而这些带宽会在出现快速运动的画面场景时被利用。这样在保证静止画面质量的前提下，大幅提高运动画面的质量，从而使画面质量和文件大小达到巧妙的平衡。

1.3.3 常用的音频压缩编码格式

1. CD 格式

音质最好的音频格式是 CD 格式。在大多数播放软件的"文件类型"中，都可以看到.cda 文件，这就是 CD 音轨。标准 CD 格式采用 44.1kHz 的采样频率、88kbit/s 的传输速率、16 位量化位数，因为 CD 音轨可以说是近似无损的，所以它的声音是非常接近原声的。

CD 光盘可以在 CD 唱片机中播放，也能用计算机中的各种播放软件播放。一个 CD 音频文件是一个.cda 文件，这只是一个索引文件，并没有真正地包含声音信息。不论 CD 音乐长短，在计算机上看到的.cda 文件都是 44 字节。

> **提示**
> 不能直接将.cda 文件复制到硬盘上播放，需要使用像 EAC（Exact Audio Copy）这样的抓音轨软件把.cda 文件转换成 WAV 格式的文件。如果光盘驱动器质量过关并且 EAC 的参数设置得当，基本上能够无损抓取音频，推荐大家使用这种方法。

2. WAV 格式

WAV 是微软公司开发的一种声音文件格式，它符合资源互换文件格式（Resource Interchange File Format，RIFF）规范，用于保存 Windows 平台的音频资源，支持 Windows 平台及其应用程序。WAV 格式支持 Microsoft ADPCM、A-Law 等多种压缩算法，支持多种音频位数、采样频率和声道，标准格式的 WAV 文件和 CD 文件一样，都采用 44.1kHz 的采样频率、88 kbit/s 的传输速率、16 位量化位数。

3. MP3 格式

MP3 格式诞生于 20 世纪 80 年代的德国，MP3 指的是 MPEG 标准中的音频部分，也就是 MPEG 音频层。根据压缩质量和编码处理的不同音频分为 3 层，分别对应.mp1、.mp2、.mp3 这 3 种声音文件。

> **提示**
>
> MPEG 音频文件的压缩是一种有损压缩，MPEG3 音频编码具有 10：1～12：1 的高压缩比，同时基本保持低音频部分不失真，但是牺牲了声音文件中 12kHz～16kHz 高音频部分的质量来减小文件。

相同长度的音乐文件如果用 MP3 格式来存储，其文件大小一般只有 WAV 格式文件的 1/10，但音质略次于 CD 格式或 WAV 格式的声音文件。

4. MIDI 文件格式

乐器数字接口（Musical Instrument Digital Interface，MIDI）文件格式允许数字合成器与其他设备交换数据。MIDI 文件并不是一段录制好的声音，而是记录声音的信息，然后告诉声卡如何再现声音的一组指令。MIDI 文件存储 1 分钟的声音只用 5～10KB 空间。

MIDI 文件主要用于保存原始乐器作品、流行歌曲的业余表演、游戏音轨以及电子贺卡等。MIDI 文件重放的效果完全依赖于声卡的档次。MIDI 格式常用于计算机作曲领域。MIDI 文件可以用作曲软件写出，也可以通过声卡的 MIDI 接口把外接乐器演奏的乐曲输入计算机中，制成 MIDI 文件。

5. WMA 格式

微软媒体音频（Windows Media Audio，WMA）格式的音质要强于 MP3 格式，远胜于 RA 格式，它和 YAMAHA 公司开发的 VQF 格式一样，以减少数据流量但保持音质的方法来达到比 MP3 格式压缩比更高的目的，WMA 格式的压缩比一般可以达到 1:18。

WMA 格式的另一个优点是内容提供商可以通过数字版权管理（Digital Rights Management，DRM）方案，如 Windows Media Rights Manager 7，加入防复制保护。这种内置的版权保护技术可以限制播放时间和播放次数，甚至播放的机器等，这对被盗版搞得焦头烂额的音乐公司来说是一个福音。另外，WMA 格式还支持音频流（Stream）技术，适合网络在线播放。

WMA 格式在录制时可以调节音质。同是 WMA 格式，音质好的文件可与 CD 格式文件媲美，压缩比较高的文件可用于串流媒体及行动装置。

1.3.4 视频的输出设置

按 Ctrl+M 组合键，弹出"渲染队列"面板，单击"输出模块"右侧的"无损"按钮，弹出"输出模块设置"对话框，在该对话框中可以对视频的输出格式与编码方式、视频大小与比例、音频等进行设置，如图 1-20 所示。

"格式"下拉列表：可以选择输出格式或输出图片序列，输出样品成片时可以使用 AVI 格式和 MOV 格式，输出贴图时可以使用 TIFF 格式。

"格式选项"按钮：在输出图片序列时，单击该按钮，在打开的对话框中可以选择输出颜色位数；在输出影片时，单击该按钮，在打开的对话框中可以设置压缩方式和压缩比。

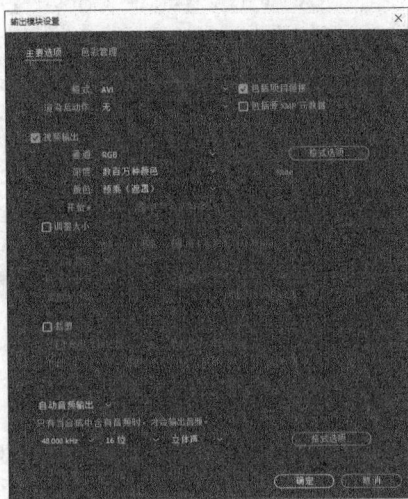

图 1-20

1.3.5　文件的打包设置

一些影视合成或者编辑软件用到的素材可能分布在硬盘的各个地方，因此在另外的设备上打开工程文件时可能会碰到部分文件丢失的情况。如果一个个地把素材找出来并复制显然很麻烦，使用"打包"命令可以自动把文件收集在一个目录中打包。

选择"文件 > 整理工程（文件）> 收集文件"命令，在弹出的对话框中单击"收集"按钮，即可完成打包操作，如图 1-21 所示。

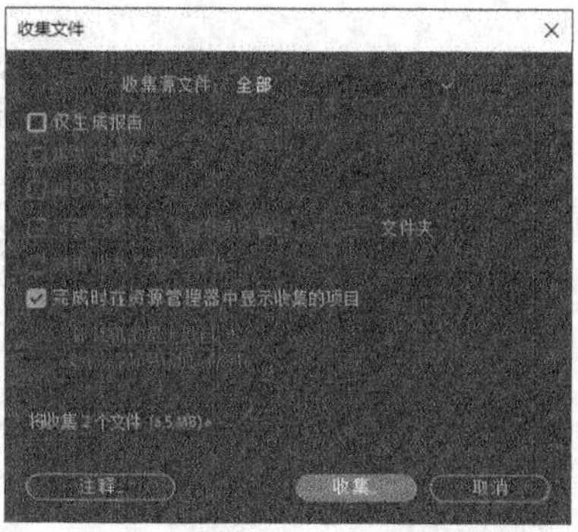

图 1-21

02

第 2 章
应用图层

本章介绍 After Effects 中图层的应用与操作。读者通过本章的学习，可以充分理解图层的概念，并掌握图层的基本操作方法和使用技巧。

学习目标

- 了解图层的概念
- 了解图层的基本操作
- 掌握图层的基本变换属性和关键帧动画

素养目标

- 培养具有创造性思维的能力
- 培养具有良好组织和管理的能力
- 培养通过学习和实践不断进取的能力

2.1 图层的概念

在 After Effects 中，无论是创作、合成动画，还是添加特殊效果，都离不开图层。"时间轴"面板中的素材都是以图层的方式按照上下位置关系依次排列的，如图 2-1 所示。

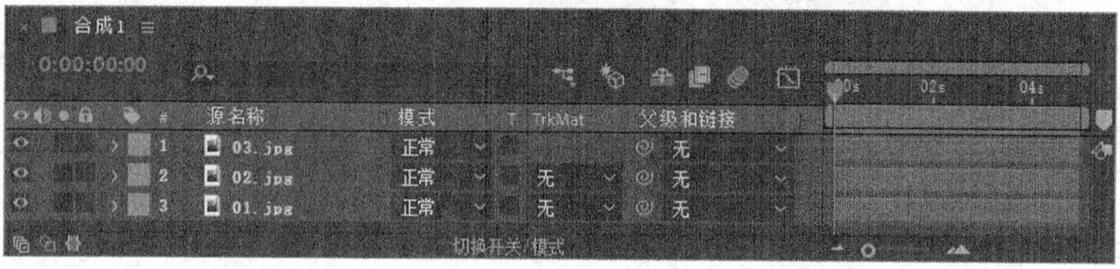

图 2-1

可以将 After Effects 中的图层想象为一层层叠放的透明胶片，上一层有内容的地方将遮盖住下一层的内容，上一层没有内容的地方则露出下一层的内容。若上一层处于半透明状态，系统将依据半透明程度混合显示下一层的内容。图层之间还存在更复杂的组合关系，如叠加模式、蒙版合成方式等。

2.2 图层的基本操作

图层的基本操作包括改变图层的排列顺序、复制图层、替换图层、管理图层标记、让图层自动匹配合成图像尺寸、对齐图层和分布图层等。

2.2.1 课堂案例——飞舞组合字

案例学习目标

学会使用文字的动画控制器实现丰富多彩的文字特效动画。

案例知识要点

使用"导入"命令导入文件；新建合成并命名为"最终效果"，为文字添加动画效果，设置相关的关键帧，制作文字飞舞效果；为文字添加"斜面 Alpha"效果和"阴影"效果。飞舞组合字效果如图 2-2 所示。

效果所在位置

云盘\Ch02\飞舞组合字\飞舞组合字.aep。

扫码观看
本案例视频

扫码查看
扩展案例

图 2-2

1. 输入文字

（1）按 Ctrl+N 组合键，弹出"合成设置"对话框，在"合成名称"文本框中输入"最终效果"，其他设置如图 2-3 所示，单击"确定"按钮，创建一个新的合成。选择"文件 > 导入 >文件"命令，在弹出的"导入文件"对话框中选择云盘中的"Ch02\飞舞组合字\(Footage)\ 01.jpg"文件，如图 2-4 所示，单击"导入"按钮，导入背景图片，将其拖曳到"时间轴"面板中。

图 2-3   图 2-4

（2）选择"横排文字工具" **T**，在"合成"面板中输入文字"秋 天 丰收的季节"。在"字符"面板中设置"填充颜色"为黄色（其 R、G、B 值分别为 244、189、0），其他设置如图 2-5 所示。"合成"面板中的效果如图 2-6 所示。

图 2-5   图 2-6

（3）选中文字"秋 天"，在"字符"面板中设置相关参数，如图 2-7 所示。"合成"面板中的效果如图 2-8 所示。

图 2-7　　　　　　　　　　　　　　　　图 2-8

（4）选中文本图层，单击"段落"面板中的"居中对齐文本"按钮▤，如图 2-9 所示。"合成"面板中的效果如图 2-10 所示。

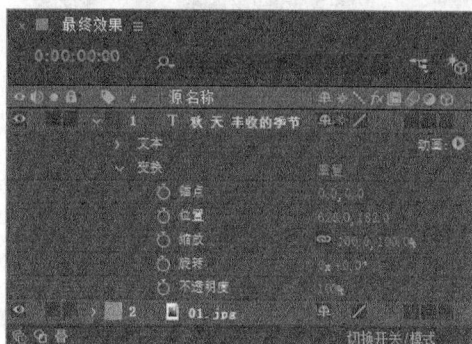

图 2-9　　　　　　　　　　　　　　　　图 2-10

2. 添加关键帧动画

（1）展开文本图层中的"变换"属性组，设置"位置"属性为（626.0,182.0），如图 2-11 所示。"合成"面板中的效果如图 2-12 所示。

图 2-11　　　　　　　　　　　　　　　　图 2-12

（2）单击"动画"右侧的"添加"按钮▶，在弹出的菜单中选择"锚点"命令，如图 2-13 所示。"时间轴"面板中会自动添加"动画制作工具 1"属性组，设置"锚点"属性为（0.0,-30.0），如图 2-14 所示。

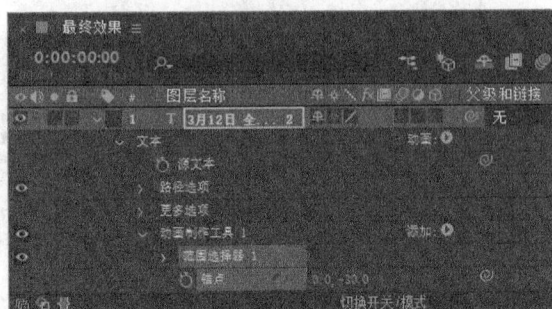

图 2-13　　　　　　　　　　　　　图 2-14

（3）按照上述方法添加"动画制作工具 2"属性组。单击"动画制作工具 2"右侧的"添加"按钮 ▶，在弹出的菜单中选择"选择器 > 摆动"命令，如图 2-15 所示。展开"摆动选择器 1"属性组，设置"摇摆/秒"属性为 0.0、"关联"属性为 73%，如图 2-16 所示。

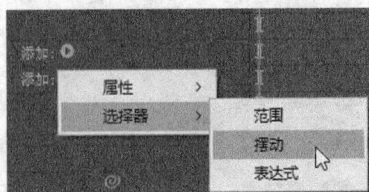

图 2-15　　　　　　　　　　　　　图 2-16

（4）再次单击"添加"按钮 ▶，添加"位置""缩放""旋转""填充色相"属性，再设置对应的参数，如图 2-17 所示。在"时间轴"面板中，将时间标签放置在 0:00:03:00 的位置，分别单击这 4 个属性左侧的"关键帧自动记录器"按钮 ◌，如图 2-18 所示，记录第 1 个关键帧。

图 2-17　　　　　　　　　　　　　图 2-18

（5）在"时间轴"面板中，将时间标签放置在 0:00:04:00 的位置，设置"位置"属性为（0.0,0.0）、"缩放"属性为（100.0,100.0%）、"旋转"属性为（0x+0.0°）、"填充色相"属性为（0x+0.0°），如图 2-19 所示，记录第 2 个关键帧。

（6）展开"摆动选择器 1"属性组，将时间标签放置在 0:00:00:00 的位置，分别单击"时间相位"和"空间相位"属性左侧的"关键帧自动记录器"按钮 ◌，记录第 1 个关键帧。设置"时间相位"属性为（2x+0.0°）、"空间相位"属性为（2x+0.0°），如图 2-20 所示。

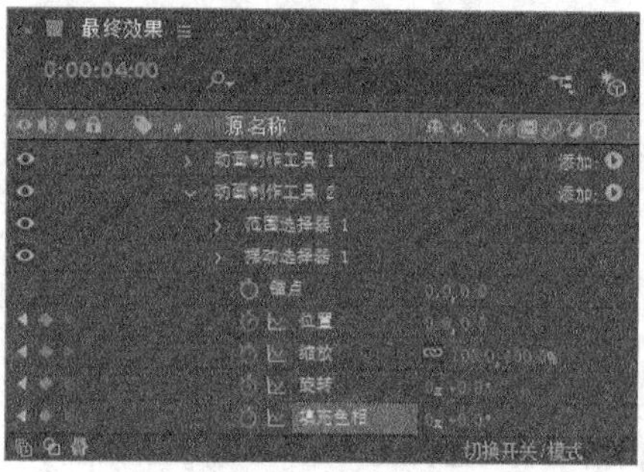

图 2-19

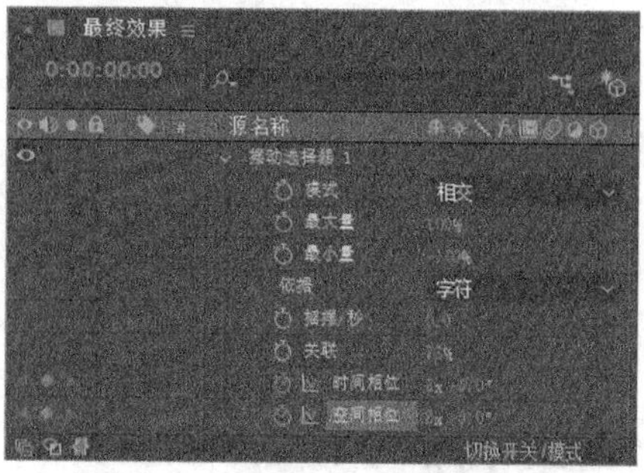

图 2-20

（7）将时间标签放置在 0:00:01:00 的位置，如图 2-21 所示，在"时间轴"面板中，设置"时间相位"属性为（2x+200.0°）、"空间相位"属性为（2x+150.0°），如图 2-22 所示，记录第 2 个关键帧。将时间标签放置在 0:00:02:00 的位置，设置"时间相位"属性为（3x+160.0°）、"空间相位"属性为（3x+125.0°），如图 2-23 所示，记录第 3 个关键帧。将时间标签放置在 0:00:03:00 的位置，设置"时间相位"属性为（4x+150.0°）、"空间相位"属性为（4x+110.0°），如图 2-24 所示，记录第 4 个关键帧。

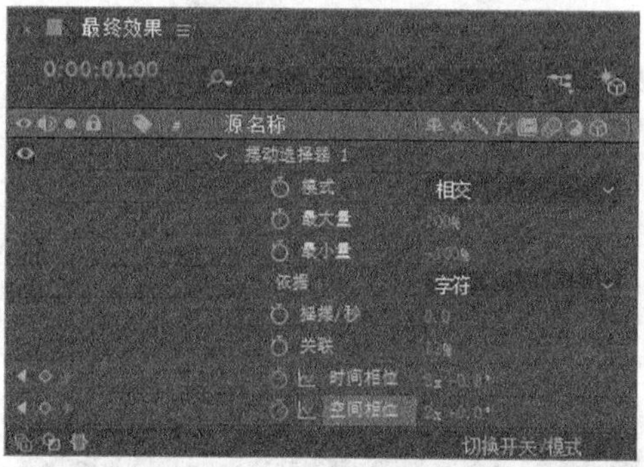

图 2-21

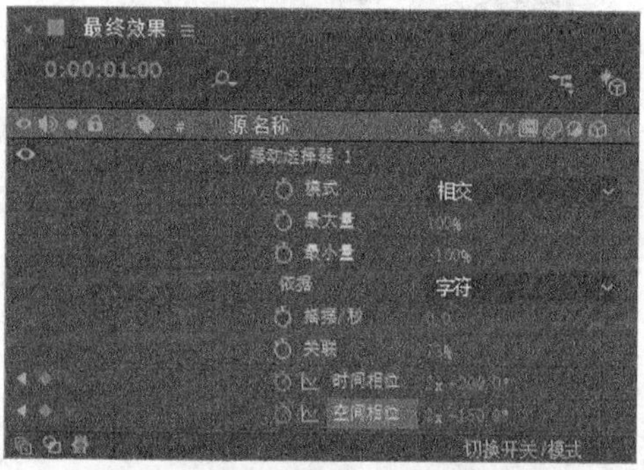

图 2-22

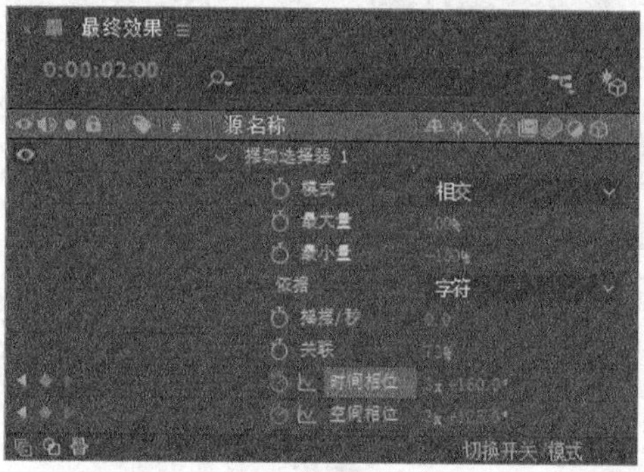

图 2-23

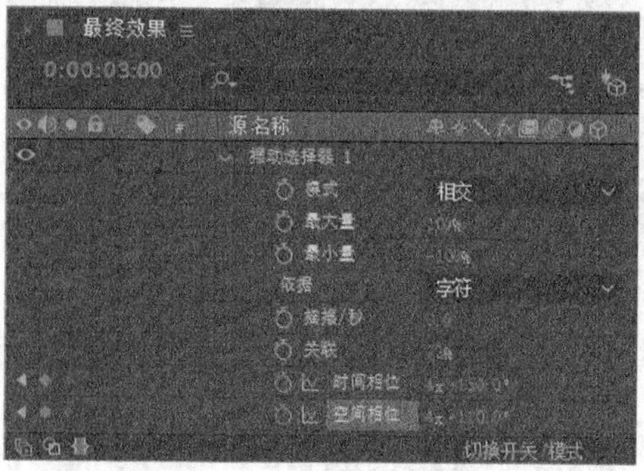

图 2-24

3. 添加效果

（1）选中文本图层，选择"效果 > 透视 > 斜面 Alpha"命令，在"效果控件"面板中设置相关参数，如图 2-25 所示。"合成"面板中的效果如图 2-26 所示。

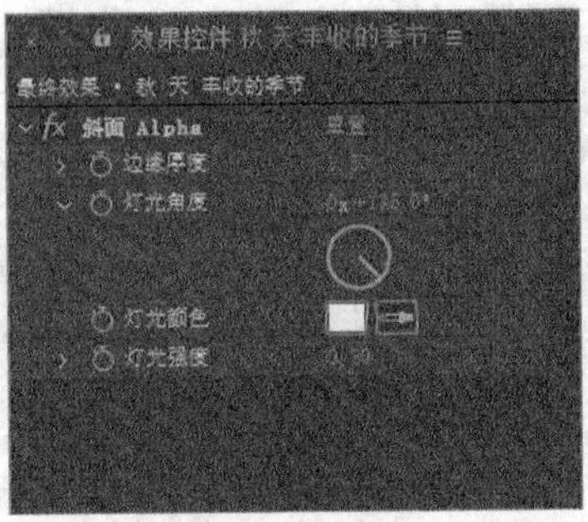

图 2-25

图 2-26

（2）选择"效果 > 透视 > 投影"命令，在"效果控件"面板中设置相关参数，如图 2-27 所示。"合成"面板中的效果如图 2-28 所示。

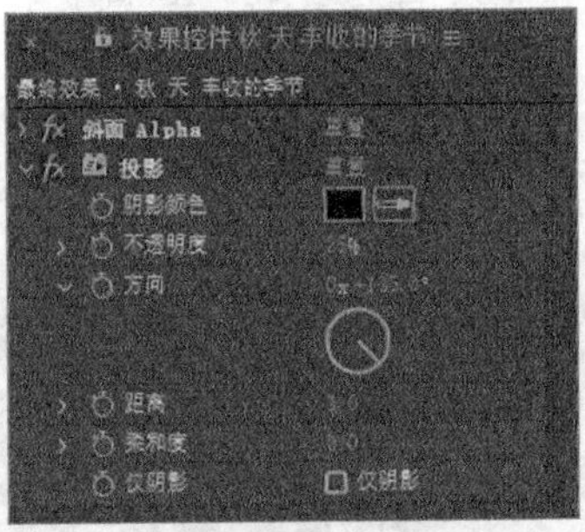

图 2-27

图 2-28

（3）在"时间轴"面板中单击"运动模糊"按钮，将其激活。单击文本图层右侧的"运动模糊"按钮，如图 2-29 所示。飞舞组合字效果制作完成，效果如图 2-30 所示。

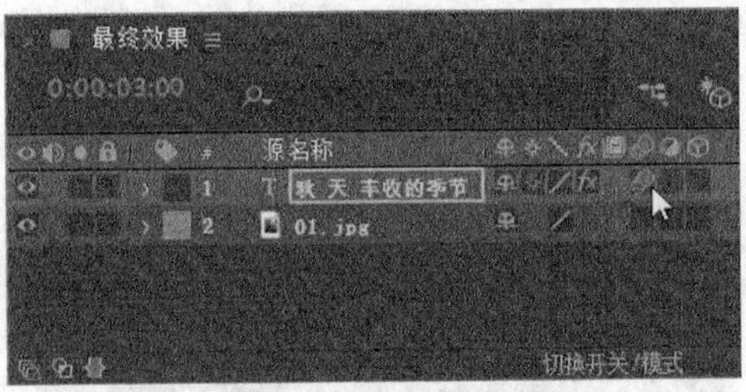

图 2-29

图 2-30

2.2.2 将素材放置到"时间轴"面板

素材只有放入"时间轴"面板中才可以编辑。将素材放入"时间轴"面板的方法如下。

● 将素材直接从"项目"面板拖曳到"合成"面板中，如图 2-31 所示，这种方法可以决定素材在合成画面中的位置。

● 在"项目"面板中将素材拖曳到合成图层上，如图 2-32 所示。

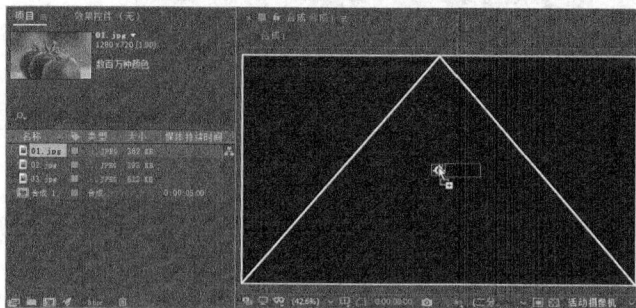
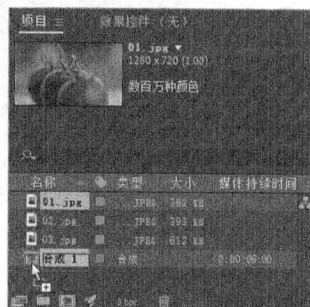

图 2-31 ◇◇◇◇◇◇◇◇◇◇◇◇◇◇◇◇◇◇◇◇◇◇◇◇◇◇◇◇◇◇ 图 2-32

● 在"项目"面板选中素材，按 Ctrl+ / 组合键，将所选素材放入"时间轴"面板中。

● 将素材从"项目"面板拖曳到"时间轴"面板中，在未松开鼠标左键时，"时间轴"面板中会显示一条蓝色线，这条蓝条线用于表明素材将置入的图层，如图 2-33 所示。

● 将素材从"项目"面板拖曳到"时间轴"面板，在未松开鼠标左键时，"时间轴"面板中不仅会出现一条蓝色线，还会在时间标尺处显示时间标签，以帮助用户确定素材入场的时间，如图 2-34 所示。

图 2-33 ◇◇◇◇◇◇◇◇◇◇◇◇◇◇◇◇◇◇◇◇◇◇◇◇◇◇◇◇◇◇ 图 2-34

● 在"项目"面板中双击素材，通过"素材"面板打开素材，单击 ▮ 和 ▮ 按钮设置素材的入点和出点，再单击"波纹插入编辑"按钮 ▦ 或者"叠加编辑"按钮 ▣ ，将素材放入"时间轴"面板，如图 2-35 所示。

2.2.3 改变图层的排列顺序

改变图层排列顺序的方法如下。

● 在"时间轴"面板中选择图层，将其上下拖曳到适当的位置，可以改变图层的排列顺序，注意观察蓝色线的位置，如图 2-36 所示。

图 2-35

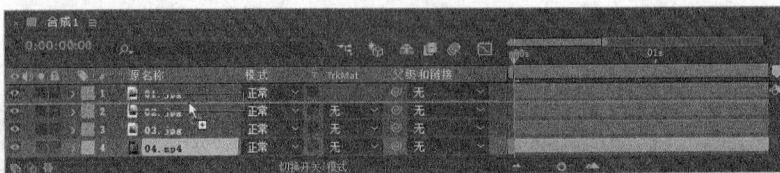

图 2-36

● 在"时间轴"面板中选择图层，通过菜单命令或组合键调整图层的排列顺序。

① 选择"图层 > 排列 > 将图层置于顶层"命令，或按 Ctrl+Shift+] 组合键将图层移到最顶层。

② 选择"图层 > 排列 > 将图层前移一层"命令，或按 Ctrl+] 组合键将图层往上移一层。

③ 选择"图层 > 排列 > 将图层后移一层"命令，或按 Ctrl+ [组合键将图层往下移一层。

④ 选择"图层 > 排列 > 将图层置于底层"命令，或按 Ctrl+Shift+ [组合键将图层移到最底层。

2.2.4 复制和替换图层

1. 复制图层

方法一。

选中图层，选择"编辑 > 复制"命令，或按 Ctrl+C 组合键复制图层。选择"编辑 > 粘贴"命令，或按 Ctrl+V 组合键粘贴图层，粘贴出来的新图层将保持开始所选图层的所有属性。

方法二。

选中图层，选择"编辑 > 重复"命令，或按 Ctrl+D 组合键快速复制图层。

2. 替换图层

方法一。

在"时间轴"面板中选择需要替换的图层，在按住 Alt 键的同时，从"项目"面板中将新素材拖曳到"时间轴"面板中，如图 2-37 所示。

方法二。

在"时间轴"面板中选择需要替换的图层，单击鼠标右键，在弹出的快捷菜单中选择"显示 > 在项目流程图中显示图层"命令，打开"流程图"面板。从"项目"面板中将新素材拖曳到"流程图"面板中目标图层图标的上方，如图 2-38 所示。

图 2-37

图 2-38

2.2.5 管理图层标记

在整个创作过程中，图层标记可以帮助用户快速、准确地知道某个时间发生了什么。

1. 添加图层标记

在"时间轴"面板中选中图层，并移动时间标签到指定时间点，如图 2-39 所示。

图 2-39

选择"图层 > 标记> 添加标记"命令，或按数字键盘上的 * 键，添加图层标记，如图 2-40 所示。

图 2-40

> **提示**
>
> 在创作过程中，画面内容总是要与音乐匹配的，选择背景音乐图层，按数字键盘上的 0 键预听音乐。注意一边听一边在音乐变化时，按数字键盘上的 * 键添加图层标记，作为后续动画关键帧的参考，停止播放音乐后，将呈现所有图层标记。

2. 修改图层标记

单击并拖曳图层标记到新的时间位置即可修改图层标记；或双击图层标记，在弹出的"合成标记"对话框的"时间"文本框中输入目标时间，精确修改图层标记的位置，如图 2-41 所示。

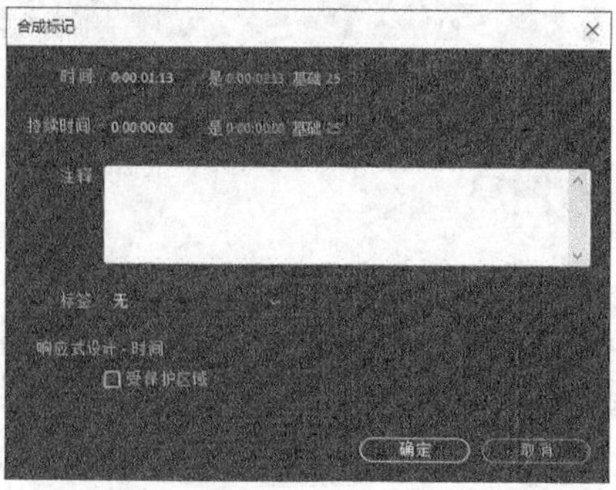

图 2-41

另外，为了更好地识别各个图层标记，可以给图层标记添加注释。双击图层标记，弹出"合成标记"对话框，在"注释"文本框中输入说明文字，如"更改从此处开始"，如图 2-42 所示。

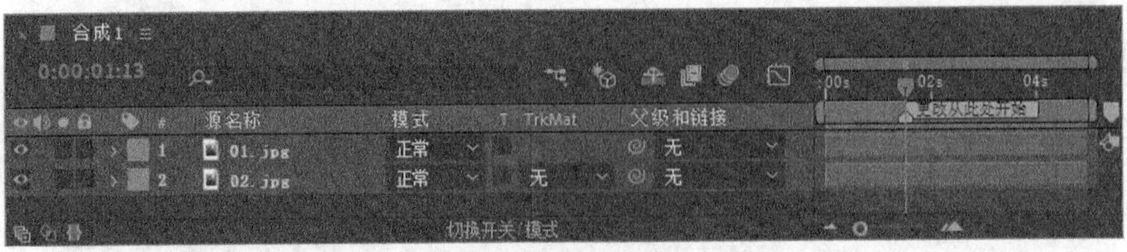

图 2-42

3. 删除图层标记

● 在目标图层标记上单击鼠标右键，在弹出的快捷菜单中选择"删除此标记"命令或者"删除所有标记"命令。

● 在按住 Ctrl 键的同时，将鼠标指针移至图层标记处，鼠标指针变为 ✂ （剪刀）形状时，单击即可删除图层标记。

2.2.6 让图层自动匹配合成图像尺寸

● 选中图层，选择"图层 > 变换 > 适合复合"命令，或按 Ctrl+Alt+F 组合键，使图层尺寸自动匹配图像尺寸，如果图层的长宽比与合成图像的长宽比不一致，将导致合成图像变形，如图 2-43 所示。

● 选择"图层 > 变换 > 适合复合宽度"命令，或按 Ctrl+Alt+Shift+H 组合键，使图层的宽度与合成图像的宽度匹配，如图 2-44 所示。

● 选择"图层 > 变换 > 适合复合高度"命令，或按 Ctrl+Alt+Shift+G 组合键，使图层的高度与合成图像的高度匹配，如图 2-45 所示。

图 2-43

图 2-44

图 2-45

2.2.7 对齐图层和分布图层

选择"窗口 > 对齐"命令，弹出"对齐"面板，如图 2-46 所示。

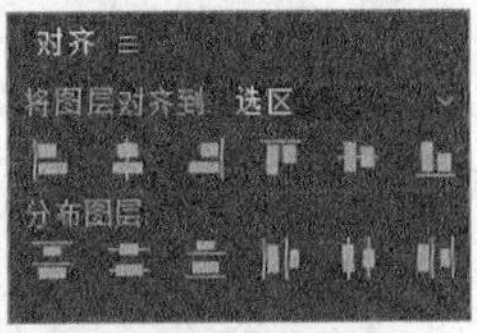

"对齐"面板中的第一行按钮从左到右分别为"左对齐"按钮 🔲、"水平对齐"按钮 🔲、"右对齐"按钮 🔲、"顶对齐"按钮 🔲、"垂直对齐"按钮 🔲、"底对齐"按钮 🔲。第二行按钮从左到右分别为"按顶分布"按钮 🔲、"垂直均匀分布"按钮 🔲、"按底分布"按钮 🔲、"按左分布"按钮 🔲、"水平均匀分布"按钮 🔲 和"按右分布"按钮 🔲。

图 2-46

在"时间轴"面板中同时选中前 4 个文本图层。选择第 1 个图层，在按住 Shift 键的同时，选择第 4 个图层，如图 2-47 所示。

单击"对齐"面板中的"水平对齐"按钮 ，将选中的图层水平居中对齐；单击"垂直均匀分布"按钮 ，以"合成"面板中最上方的图层和最下方的图层为基准，平均分布中间两个图层，达到垂直间距一致的效果，如图 2-48 所示。

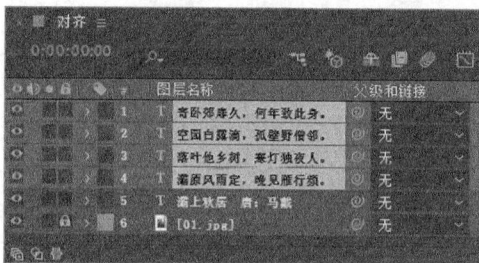

图 2-47

图 2-48

2.3 图层的基本变换属性和关键帧动画

在 After Effects 中，图层有 5 个基本变换属性，添加不同的属性可以制作出不同的变换效果。此外，还可以为属性添加关键帧，制作属性变换效果。下面对图层的 5 个基本变换属性和为属性添加关键帧的方法进行讲解。

2.3.1 课堂案例——海上动画

案例学习目标

学会使用图层的 5 个基本变换属性并为属性添加关键帧以制作动画效果。

案例知识要点

使用"导入"命令导入素材，使用"位置"属性制作波浪动画，使用"位置"属性、"缩放"属性和"不透明度"属性制作最终效果。海上动画效果如图 2-49 所示。

图 2-49

扫码观看
本案例视频

扫码查看
扩展案例

⊙ 效果所在位置

云盘\Ch02\海上动画\海上动画.aep。

1. 导入素材并制作波浪动画

（1）按 Ctrl+N 组合键，弹出"合成设置"对话框，在"合成名称"文本框中输入"波浪动画"，其他设置如图 2-50 所示，单击"确定"按钮，创建一个新的合成。选择"文件 > 导入 > 文件"命令，弹出"导入文件"对话框，选择云盘中的"Ch02\海上动画\(Footage)\01.jpg、02.png～08.png"文件，如图 2-51 所示，单击"导入"按钮，将图片导入"项目"面板中。

图 2-50

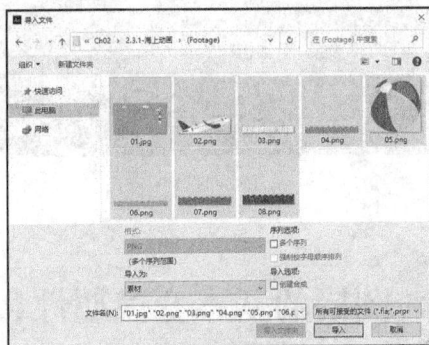

图 2-51

（2）在"项目"面板中，选中"04.png～08.png"文件，将它们拖曳到"时间轴"面板中，图层的排列顺序如图 2-52 所示。"合成"面板中的效果如图 2-53 所示。

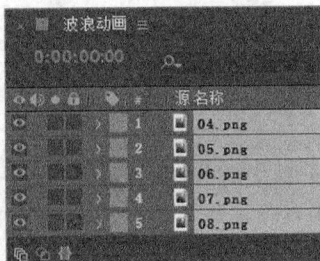

图 2-52

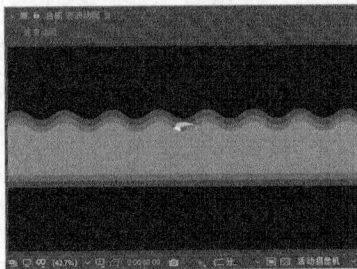

图 2-53

（3）选中"08.png"图层，按 P 键显示"位置"属性，设置"位置"属性为（514.0,510.7），如图 2-54 所示。"合成"面板中的效果如图 2-55 所示。

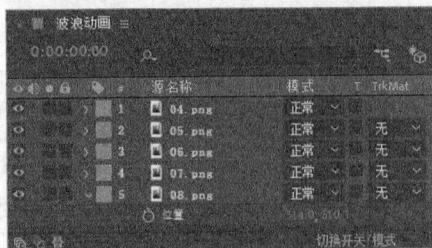

图 2-54

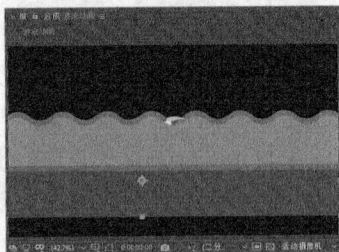

图 2-55

（4）保持时间标签在 0:00:00:00 的位置，单击"位置"属性左侧的"关键帧自动记录器"按钮，如图 2-56 所示，记录第 1 个关键帧。将时间标签放置在 0:00:04:24 的位置，在"时间轴"面板中设置"位置"属性为（758.0，510.7），如图 2-57 所示，记录第 2 个关键帧。

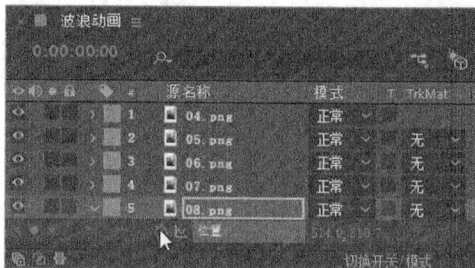
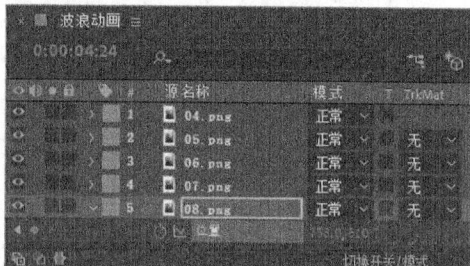

图 2-56   图 2-57

（5）将时间标签放置在 0:00:00:00 的位置，选中"07.png"图层，按 P 键显示"位置"属性，设置"位置"属性为（735.6，546.9），单击"位置"属性左侧的"关键帧自动记录器"按钮，如图 2-58 所示，记录第 1 个关键帧。将时间标签放置在 0:00:04:24 的位置，在"时间轴"面板中设置"位置"属性为（547.6，546.9），如图 2-59 所示，记录第 2 个关键帧。

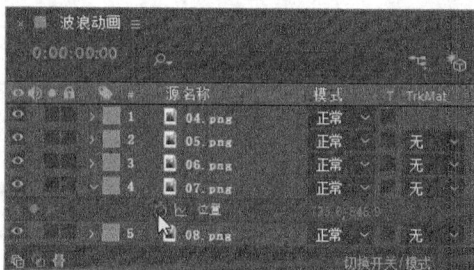

图 2-58   图 2-59

（6）将时间标签放置在 0:00:00:00 的位置，选中"06.png"图层，按 P 键显示"位置"属性，设置"位置"属性为（514.0，552.7），单击"位置"属性左侧的"关键帧自动记录器"按钮，如图 2-60 所示，记录第 1 个关键帧。将时间标签放置在 0:00:04:24 的位置，在"时间轴"面板中设置"位置"属性为（763.0，552.7），如图 2-61 所示，记录第 2 个关键帧。

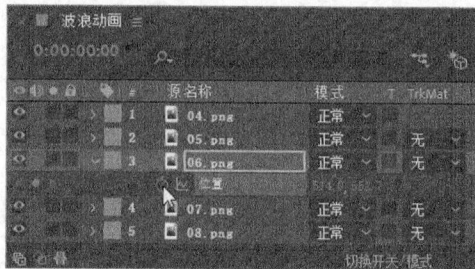
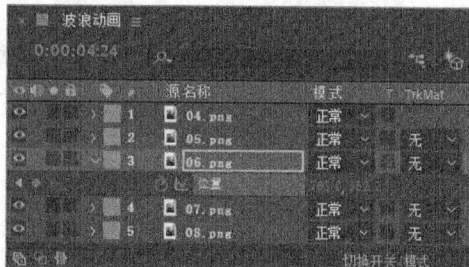

图 2-60   图 2-61

（7）将时间标签放置在 0:00:00:00 的位置，选中"05.png"图层，按 P 键显示"位置"属性，设置"位置"属性为（228.8，535.3），单击"位置"属性左侧的"关键帧自动记录器"按钮，如

图 2-62 所示，记录第 1 个关键帧。将时间标签放置在 0:00:02:00 的位置，单击"在当前时间添加或移除关键帧"按钮，如图 2-63 所示，记录第 2 个关键帧。用相同的方法在 0:00:04:00 的位置添加第 3 个关键帧。

图 2-62	图 2-63

（8）将时间标签放置在 0:00:01:00 的位置，在"时间轴"面板中设置"位置"属性为（222.8，575.3），如图 2-64 所示，记录第 4 个关键帧。将时间标签放置在 0:00:03:00 的位置，在"时间轴"面板中设置"位置"属性为（222.8，575.3），如图 2-65 所示，记录第 5 个关键帧。用相同的方法在 0:00:04:24 的位置，添加一个"位置"属性为（222.8，575.3）的关键帧。

图 2-64	图 2-65

（9）将时间标签放置在 0:00:00:00 的位置，选中"04.png"图层，按 P 键显示"位置"属性，设置"位置"属性为（769.0，638.0），单击"位置"属性左侧的"关键帧自动记录器"按钮，如图 2-66 所示，记录第 1 个关键帧。将时间标签放置在 0:00:04:24 的位置，在"时间轴"面板中设置"位置"属性为（522.0，638.0），如图 2-67 所示，记录第 2 个关键帧。

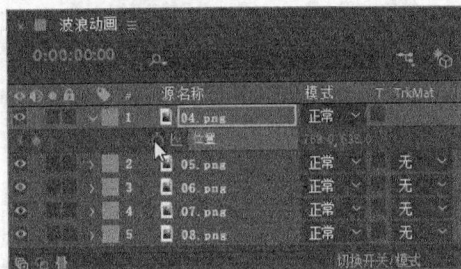

图 2-66

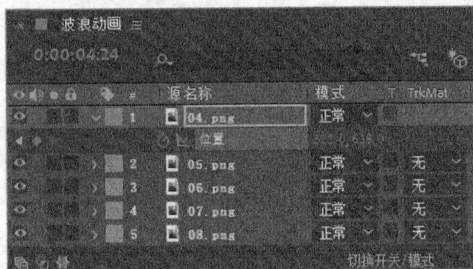

图 2-67

2. 制作最终效果

（1）按 Ctrl+N 组合键，弹出"合成设置"对话框，在"合成名称"文本框中输入"最终效果"，

其他设置如图 2-68 所示，单击"确定"按钮，创建一个新的合成。

（2）在"项目"面板中选中"01.jpg"图层、"02.png"图层、"03.png"图层和"波浪动画"图层，将它们都拖曳到"时间轴"面板中，图层的排列顺序如图 2-69 所示。

图 2-68

图 2-69

（3）选中"波浪动画"图层，按 P 键显示"位置"属性，设置"位置"属性为（640.0，437.0），如图 2-70 所示。"合成"面板中的效果如图 2-71 所示。

图 2-70

图 2-71

（4）选中"03.png"图层，按 P 键显示"位置"属性，设置"位置"属性为（633.0，319.0），如图 2-72 所示。"合成"面板中的效果如图 2-73 所示。

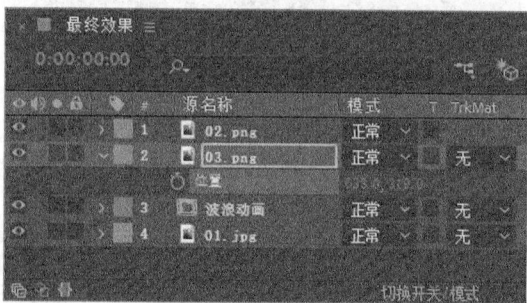

图 2-72

图 2-73

（5）按 T 键显示"不透明度"属性，设置"不透明度"属性为 0%，单击"不透明度"属性左侧的"关键帧自动记录器"按钮 ，如图 2-74 所示，记录第 1 个关键帧。将时间标签放置在 0:00:01:00 的位置，在"时间轴"面板中设置"不透明度"属性为 100%，如图 2-75 所示，记录第 2 个关键帧。

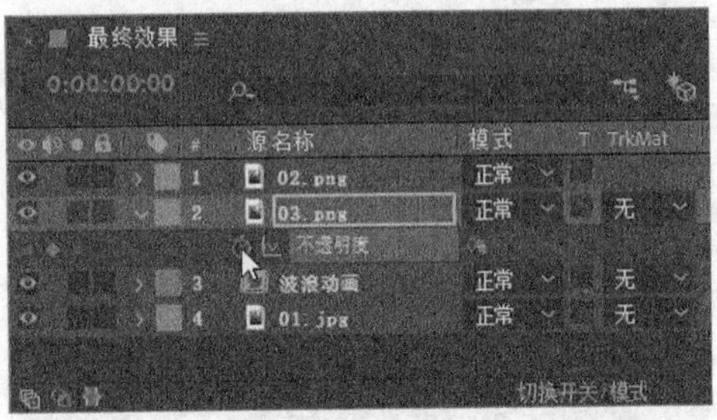

图 2-74

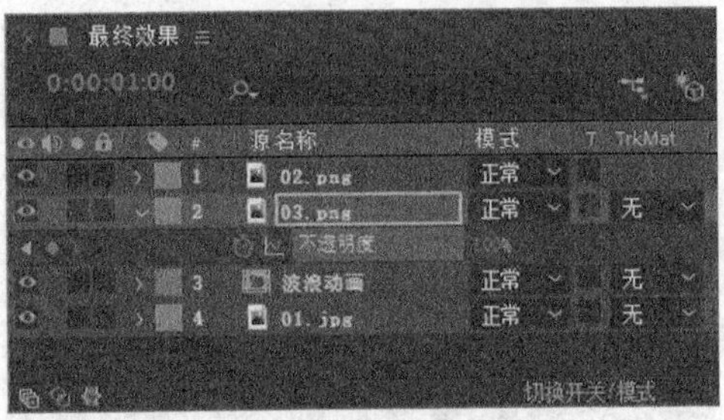

图 2-75

（6）选中"02.png"图层，按 P 键显示"位置"属性，设置"位置"属性为（442.0,208.0），如图 2-76 所示。"合成"面板中的效果如图 2-77 所示。

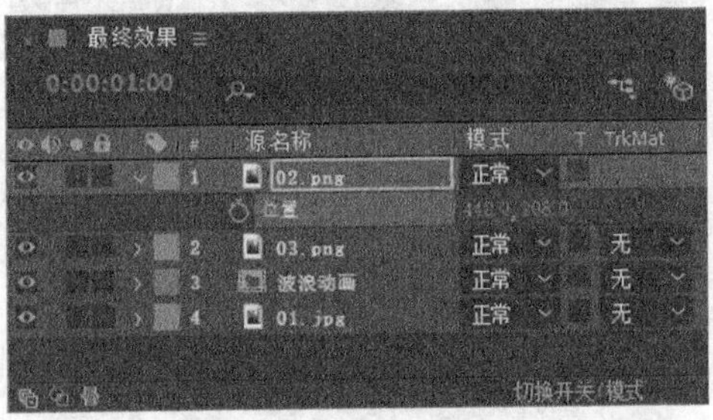

图 2-76

图 2-77

（7）保持时间标签在 0:00:01:00 的位置，按 S 键显示"缩放"属性，设置"缩放"属性为（0.0,0.0%），单击"缩放"属性左侧的"关键帧自动记录器"按钮 ，如图 2-78 所示，记录第 1 个关键帧。将时间标签放置在 0:00:01:11 的位置，在"时间轴"面板中设置"缩放"属性为（100.0,100.0%），如图 2-79 所示，记录第 2 个关键帧。海上动画效果制作完成。

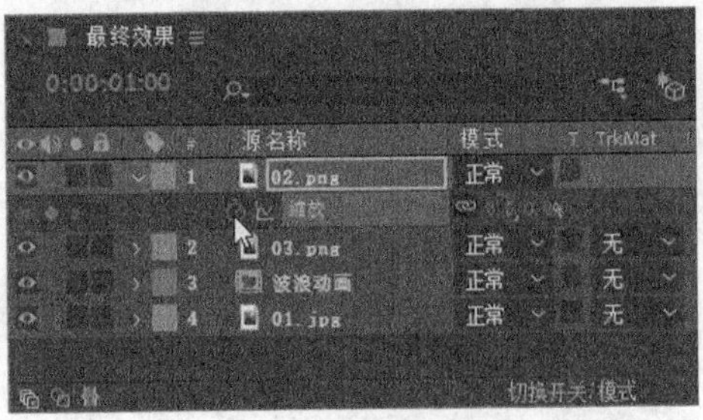

图 2-78

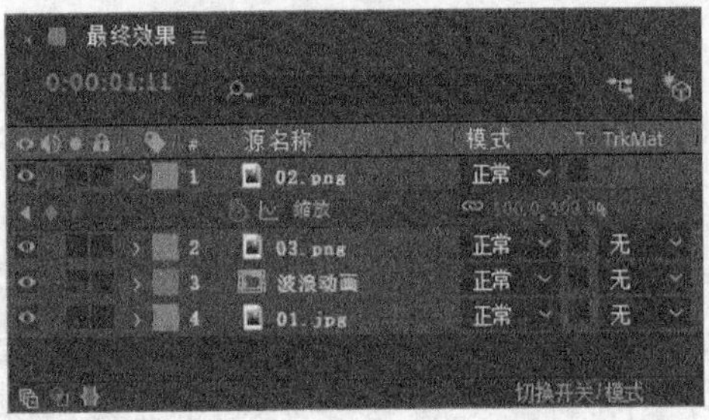

图 2-79

2.3.2　了解图层的 5 个基本变换属性

除了音频图层以外，其他各类型的图层至少有 5 个基本变换属性，它们分别是锚点、位置、缩放、旋转和不透明度。可以单击"时间轴"面板中图层色彩标签左侧的小箭头按钮 将属性组展开，单击"变换"左侧的小箭头按钮，展开"变换"属性组，如图 2-80 所示。

图 2-80

1. "锚点"属性

无论一个图层有多大，当其移动、旋转和缩放时，都是以一个点为基准进行的，这个点就是锚点。

选择需要的图层，按 A 键，会显示其"锚点"属性，如图 2-81 所示。以锚点为基准，如图 2-82 所示。例如，旋转操作如图 2-83 所示，缩放操作如图 2-84 所示。

图 2-81

图 2-82 图 2-83 图 2-84

2. "位置"属性

选择需要的图层，按 P 键，会显示其"位置"属性，如图 2-85 所示。以锚点为基准，如图 2-86 所示，在图层"位置"属性右侧的数字上按住鼠标左键拖曳鼠标（或单击并输入需要的数值），如图 2-87 所示。松开鼠标左键，效果如图 2-88 所示。

普通二维图层的"位置"属性由 x 轴和 y 轴两个参数决定；如果是三维图层，则由 x 轴、y 轴和 z 轴 3 个参数决定。

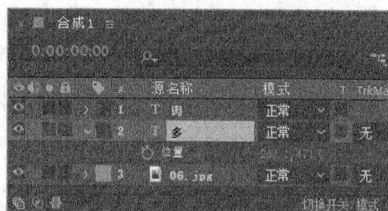

图 2-85

图 2-86

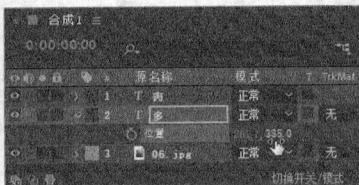
图 2-87

图 2-88

> **提示**
>
> 在制作位置动画时，为了保持元素移动时的方向，可以选择"图层 > 变换 > 自动定向"命令，在弹出的"自动定向"对话框中选择"沿路径定向"单选项。

3. "缩放"属性

选择需要的图层，按 S 键，会显示其"缩放"属性，如图 2-89 所示。以锚点为基准，如图 2-90 所示，在图层"缩放"属性右侧的数字上按住鼠标左键拖曳鼠标（或单击并输入需要的数值），如图 2-91 所示。松开鼠标左键，效果如图 2-92 所示。

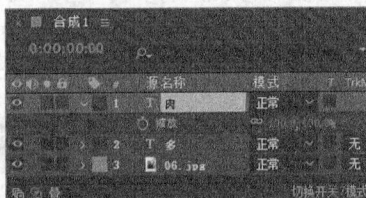
图 2-89

图 2-90

图 2-91

图 2-92

普通二维图层的"缩放"属性由 x 轴和 y 轴两个参数决定；如果是三维图层，则由 x 轴、y 轴和 z 轴 3 个参数决定。

4. "旋转"属性

选择需要的图层，按 R 键，会显示其"旋转"属性，如图 2-93 所示。以锚点为基准，如图 2-94 所示，在图层"旋转"属性右侧的数字上按住鼠标左键拖曳鼠标（或单击并输入需要的数值），如图 2-95 所示。松开鼠标左键，效果如图 2-96 所示。普通二维图层的"旋转"属性由圈数和度数两个参数决定。

图 2-93

三维图层的"旋转"属性有 4 个："方向"可以同时设定 x、y、z 3 个轴上的旋转角度、"X 轴旋转"仅调整 x 轴上的旋转角度，"Y 轴旋转"仅调整 y 轴上的旋转角度，"Z 轴旋转"仅调整 z 轴上的旋转角度，如图 2-97 所示。

图 2-94　　　　　　　　　　图 2-95　　　　　　　　　　图 2-96

图 2-97

5. "不透明度"属性

选择需要的图层，按 T 键，会显示其"不透明度"属性，如图 2-98 所示。以锚点为基准，如图 2-99 所示，在图层"不透明度"属性右侧的数字上按住鼠标左键拖曳鼠标（或单击并输入需要的数值），如图 2-100 所示。松开鼠标左键，效果如图 2-101 所示。

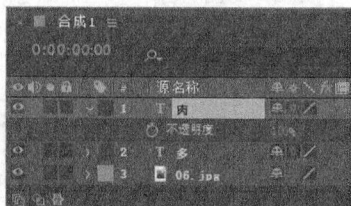

图 2-98　　　　　　　　　　图 2-99

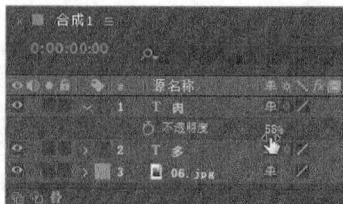

图 2-100　　　　　　　　　　图 2-101

> **提示**
>
> 可以在按住 Shift 键的同时按显示各属性的快捷键来自定义组合显示属性。例如，只想看见图层的"位置"属性和"不透明度"属性，可以选中图层之后，按 P 键，然后按 Shift+T 组合键，如图 2-102 所示。

图 2-102

2.3.3 利用"位置"属性制作位置动画

选择"文件 > 打开项目"命令，或按 Ctrl+O 组合键，弹出"打开"对话框，选择云盘中的"基础素材\Ch02\纸飞机\纸飞机.aep"文件，如图 2-103 所示，单击"打开"按钮，打开此文件，如图 2-104 所示。

图 2-103

图 2-104

在"时间轴"面板中选中"02.png"图层，按 P 键，显示"位置"属性，确定时间标签处于 0：00：00：00 的位置，调整"位置"属性的 x 值和 y 值分别为 94.0 和 632.0，如图 2-105 所示；或选择"选取工具" ，在"合成"面板中将"纸飞机"图形移动到画面的左下方，如图 2-106 所示。单击"位置"属性左侧的"关键帧自动记录器"按钮，开始自动记录位置关键帧信息。

> **提示**
>
> 按 Alt+Shift+P 组合键也可以实现上述操作，此方式可以在任意位置添加或删除"位置"属性关键帧。

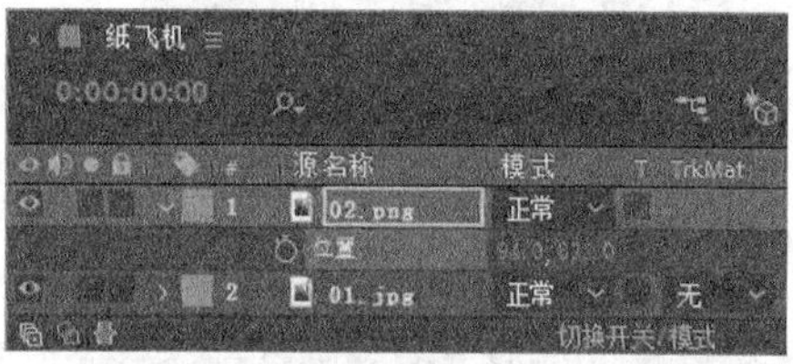

图 2-105

图 2-106

移动时间标签到 0:00:04:24 的位置，调整"位置"属性的 x 值和 y 值分别为 1164.0 和 98.0，或选择"选取工具" ![icon]，在"合成"面板中将"纸飞机"图形移动到画面的右上方，在"时间轴"面板中的当前时间下，"位置"属性将自动添加一个关键帧，如图 2-107 所示。"合成"面板中将显示动画路径，如图 2-108 所示。按 0 键，预览动画。

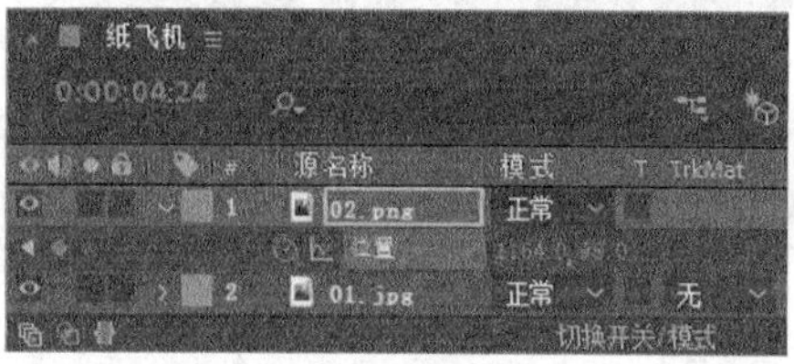

图 2-107

图 2-108

1. 手动调整"位置"

● 选择"选取工具" ![icon]，直接在"合成"面板中拖曳图层。

● 在"合成"面板中拖曳图层时，按住 Shift 键，沿水平或垂直方向移动图层。

● 在"合成"面板中拖曳图层时，按住 Alt+Shift 组合键，将使图层的边缘靠近合成图像边缘。

● 以一个像素点移动图层，可以按上、下、左、右 4 个方向键实现；以 10 个像素点移动图层，可以在按住 Shift 键的同时，按上、下、左、右 4 个方向键实现。

2. 用数字方式调整"位置"

● 当鼠标指针呈 ![icon] 形状时，在参数值上按住鼠标左键左右拖曳鼠标可以修改参数值。

● 单击参数值将出现输入框，可以在其中输入具体数值。该输入框也支持加减法运算。例如，输入+20，表示将在原来的轴向值上加上 20 像素，如图 2-109 所示；如果是减法运算，则输入 1184-20。

● 在属性标题或参数值上单击鼠标右键，在弹出的快捷菜单中选择"编辑值"命令，或按 Ctrl+Shift+P 组合键，弹出"位置"对话框。在该对话框中可以调整具体参数值，并且可以选择调整的单位，如"像素""英寸""毫米""源的%""合成的%"，如图 2-110 所示。

图 2-109　　　　　　　　　　　　　图 2-110

2.3.4　加入缩放动画

在"时间轴"面板中选中"02.png"图层，按 Shift+S 组合键，显示"缩放"属性，如图 2-111 所示。

图 2-111

将时间标签放在 0:00:00:00 的位置，在"时间轴"面板中，单击"缩放"属性左侧的"关键帧自动记录器"按钮，开始记录缩放关键帧的信息，如图 2-112 所示。

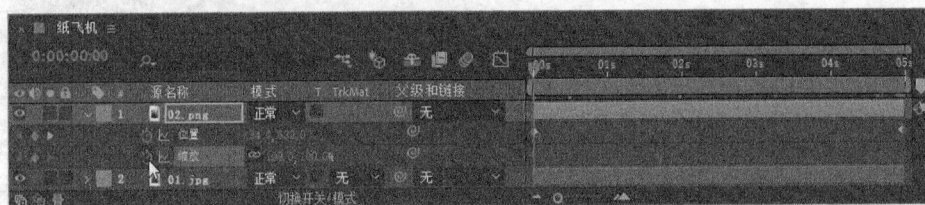

图 2-112

> **提示**　按 Alt+Shift+S 组合键也可以实现上述操作，此方式还可以在任意位置添加或删除"缩放"属性关键帧。

移动时间标签到 0:00:04:24 的位置，将 x 轴和 y 轴的缩放值都调整为（130.0，130.0%），或者选择"选取工具"，在"合成"面板中拖曳图层边框上的变换框进行缩放操作。按住 Shift 键可以实现等比例缩放，还可以观察"信息"面板和"时间轴"面板中的"缩放"属性，以了解表示具体缩放程度的数值，如图 2-113 所示。"时间轴"面板中当前时间下的"缩放"属性会自动添加一个关键帧，如图 2-114 所示。按 0 键，预览动画。

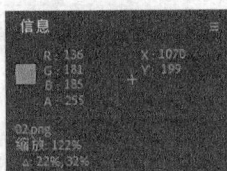

图 2-113

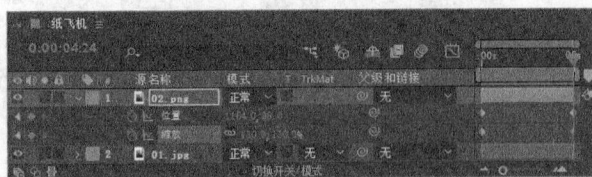

图 2-114

1. **手动调整"缩放"**

● 选择"选取工具" ，直接在"合成"面板中拖曳图层边框上的变换框进行缩放操作，如果同时按住 Shift 键，则可以实现等比例缩放。

● 可以在按住 Alt 键的同时，按 +（加号）键以 1% 递加缩放百分比，也可以在按住 Alt 键的同时，按 −（减号）键以 1% 递减缩放百分比；如果要以 10% 递加或者递减缩放百分比，只需要在按上述快捷键的同时按 Shift 键即可，如按 Shift+Alt+ − 组合键。

2. **用数字方式调整"缩放"**

● 当鼠标指针呈 形状时，在参数值上按住鼠标左键左右拖曳鼠标可以修改参数值。

● 单击参数值将弹出输入框，可以在其中输入具体数值。该输入框也支持加减法运算。例如，输入+3，表示将在原有的值上加上 3%；如果是减法运算，则输入 130−3，如图 2−115 所示。

● 在属性标题或参数值上单击鼠标右键，在弹出的快捷菜单中选择"编辑值"命令，在弹出的"缩放"对话框中设置参数，如图 2−116 所示。

图 2−115

图 2−116

> **提示**
>
> 使"缩放"值变为负值，则可以实现图像翻转效果。

2.3.5 制作旋转动画

在"时间轴"面板中选中"02.png"图层，按 Shift+R 组合键，显示"旋转"属性，如图 2−117 所示。

图 2−117

将时间标签放置在 0:00:00:00 的位置，单击"旋转"属性左侧的"关键帧自动记录器"按钮 ，开始记录旋转关键帧的信息。

> **提示**
>
> 按 Alt+Shift+R 组合键也可以实现上述操作，此方式可以在任意位置添加或删除"旋转"属性关键帧。

移动时间标签到 0:00:04:24 的位置，调整"旋转"属性的值为（0 x +180.0°），旋转半圈，如图 2-118 所示；或者选择"旋转工具" ，在"合成"面板中沿顺时针方向旋转图层，同时可以观察"信息"面板和"时间轴"面板中的"旋转"属性，以了解具体旋转圈数和度数，效果如图 2-119 所示。按 0 键，预览动画。

图 2-118

图 2-119

1. 手动调整"旋转"

● 选择"旋转工具" ，在"合成"面板中沿顺时针方向或者逆时针方向旋转图层，如果同时按住 Shift 键，将以 45° 为调整幅度。

● 可以按数字键盘中的+（加号）键，以 1° 为幅度顺时针旋转图层，也可以按数字键盘中的 －（减号）键，以 1° 为幅度逆时针旋转图层；如果要以 10° 为幅度旋转调整图层，只需要在按上述快捷键的同时按住 Shift 键即可，如按 Shift+ － 组合键。

2. 用数字方式调整"旋转"

● 当鼠标指针呈 形状时，在参数值上按住鼠标左键左右拖曳鼠标可以修改参数值。

● 单击参数值将弹出输入框，可以在其中输入具体数值。该输入框也支持加减法运算。例如，输入+2，表示将在原有的值上加上 2° 或者 2 圈（取决于是在角度输入框还是旋转次数输入框中输入）；如果是减法运算，则输入 180-10。

图 2-120

● 在属性标题或参数值上单击鼠标右键，在弹出的快捷菜单中选择"编辑值"命令，或按 Ctrl+Shift+R 组合键，在弹出的"旋转"对话框中调整具体参数值，如图 2-120 所示。

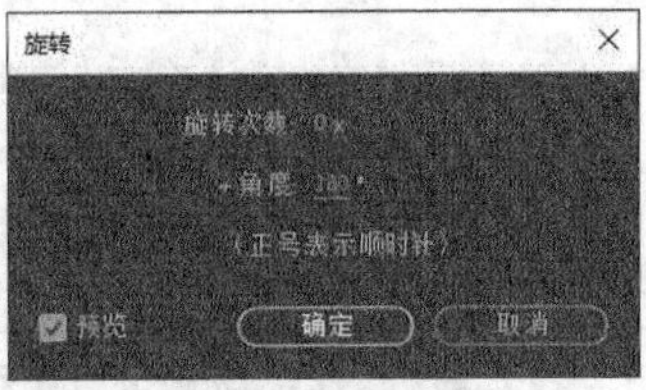

2.3.6 了解锚点

在"时间轴"面板中选中"02.png"图层，按 Shift+A 组合键，显示"锚点"属性，如图 2-121 所示。

图 2-121

改变"锚点"属性的第一个值为 0，或者选择"向后平移（锚点）工具" 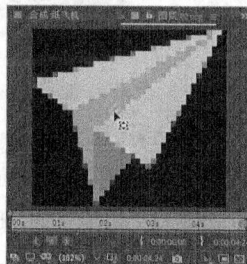 ，在"合成"面板中单击并移动锚点，同时观察"信息"面板和"时间轴"面板中的"锚点"属性，以了解具体的移动参数，如图 2-122 所示。按 0 键，预览动画。

图 2-122

> **提示**
>
> 锚点的坐标是相对于图层的，而不是相对于合成图像的。

1. 手动调整"锚点"

● 选择"向后平移（锚点）工具" 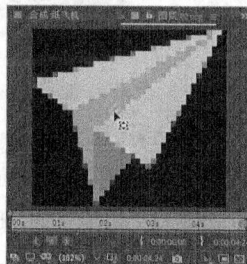 ，在"合成"面板中单击并移动轴心点。

● 在"时间轴"面板中双击图层，打开图层的"图层"面板，选择"选取工具" ▶ 或者"向后平移（锚点）工具" 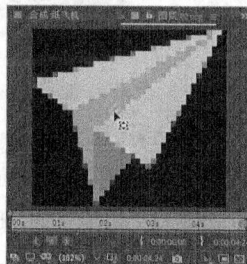 ，单击并移动轴心点，如图 2-123 所示。

2. 用数字方式调整"锚点"

● 当鼠标指针呈 🖑 形状时，在参数值上按住鼠标左键左右拖曳鼠标可以修改参数值。

● 单击参数值将弹出输入框，可以在其中输入具体数值。该输入框也支持加减法运算。例如，输入+30，表示将在原有的值上加上 30 像素；如果是减法运算，则输入 360-30。

图 2-123

● 在属性标题或参数值上单击鼠标右键，在弹出的快捷菜单中选择"编辑值"命令，在弹出的"锚点"对话框中调整具体参数值，如图 2-124 所示。

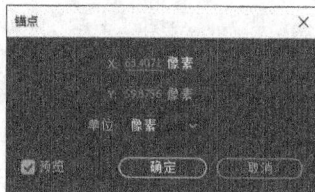

图 2-124

2.3.7　添加不透明度动画

在"时间轴"面板中选中"02.png"图层，按 Shift+T 组合键，显示"不透明度"属性，如图 2-125 所示。

图 2-125

将时间标签放置在 0：00：00：00 的位置，将"不透明度"属性调整为 100%，使图层完全不透明。
单击"不透明度"属性左侧的"关键帧自动记录器"按钮 ，开始记录不透明关键帧的信息。

> **提示**
>
> 按 Alt+Shift+T 组合键也可以实现上述操作，此方式可以在任意位置添加或删除"不
> 透明"属性关键帧。

移动时间标签到 0：00：04：24 的位置，调整"不透明度"属性为 0%，使图层完全透明，注意观
察"时间轴"面板，当前时间下的"不透明度"属性会自动添加一个关键帧，如图 2-126 所示。按 0
键，预览动画。

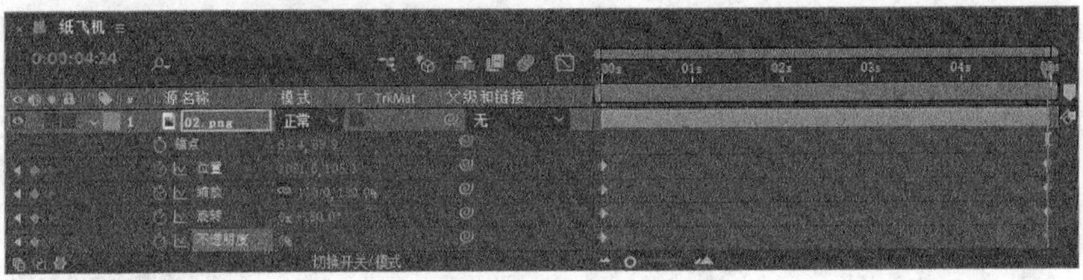

图 2-126

用数字方式调整"不透明度"

● 当鼠标指针呈 形状时，在参数值上按住鼠标左键左右拖曳鼠标可以修改参数值。

● 单击参数值将弹出输入框，可以在其中输入具体数值。该输入框也支持加减法运算。例如，
输入+20，表示将在原有的值上增加 10%；如果是减法运算，则
输入 100-20。

● 在属性标题或参数值上单击鼠标右键，在弹出的快捷菜
单中选择"编辑值"命令或按 Ctrl+Shift+O 组合键，在弹出的
"不透明度"对话框中调整具体参数值，如图 2-127 所示。

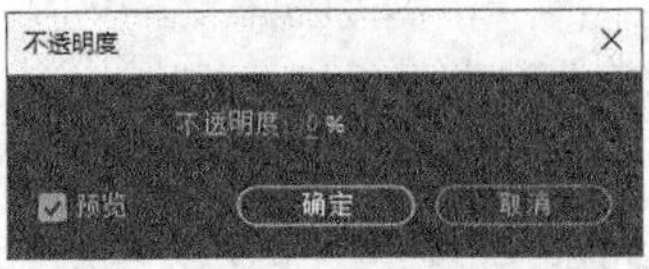

图 2-127

2.4　课堂练习——旋转指南针

🔗 练习知识要点

使用"缩放"属性制作表盘缩放动画，使用"旋转"属性和"不透明度"属性制作指针动画。旋

转指南针效果如图 2-128 所示。

扫码观看
本案例视频

图 2-128

效果所在位置

云盘\Ch02\旋转指南针\旋转指南针.aep。

2.5 课后习题——运动的圆圈

习题知识要点

使用"导入"命令导入素材，使用"位置"属性制作箭头运动动画，使用"旋转"属性制作圆圈运动动画。运动的圆圈效果如图 2-129 所示。

扫码观看
本案例视频

图 2-129

效果所在位置

云盘\Ch02\运动的圆圈\运动的圆圈.aep。

03

第 3 章
应用蒙版

　　本章主要讲解蒙版，包括绘制蒙版、调整蒙版、蒙版的变换、编辑蒙版的多种方式、在"时间轴"面板中调整蒙版的属性等。通过对本章的学习，读者可以掌握蒙版的使用方法和应用技巧，并利用蒙版功能制作出绚丽的视频效果。

学习目标

- 初步了解蒙版
- 掌握设置蒙版
- 掌握蒙版的基本操作

素养目标

- 培养使用蒙版为动画增添新视效和创意的能力
- 培养借助互联网获取有效信息的能力
- 培养能够不断改进学习方法的自主学习能力

3.1 初步了解蒙版

蒙版其实就是由封闭的贝塞尔曲线构成的路径轮廓，轮廓内或轮廓外的区域就是抠像的依据，如图 3-1 所示。

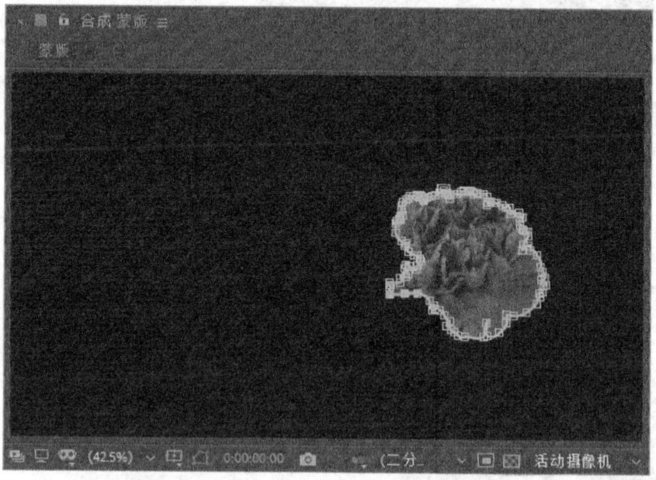

图 3-1

> **提示**
>
> 虽然蒙版是由路径组成的，但是千万不要认为路径只可用来创建蒙版，它还可以用在处理勾边特效、制作动画效果等方面。

3.2 设置蒙版

设置蒙版，可以将两个以上的图层合成并制作出新的画面。蒙版可以在"合成"面板中调整，也可以在"时间轴"面板中调整。

3.2.1 课堂案例——遮罩文字

案例学习目标

学习使用"矩形工具" ▣ 制作遮罩效果。

案例知识要点

使用"新建合成"命令新建合成并为其命名，使用"导入"命令导入素材文件，使用"矩形工具" ▣ 绘制蒙版。遮罩文字效果如图 3-2 所示。

图 3-2

扫码观看
本案例视频

扫码查看
扩展案例

效果所在位置

云盘\Ch03\遮罩文字\遮罩文字.aep。

（1）按 Ctrl+N 组合键，弹出"合成设置"对话框，在"合成名称"文本框中输入"最终效果"，其他设置如图 3-3 所示，单击"确定"按钮，创建一个新的合成。

（2）选择"文件 > 导入 > 文件"命令，弹出"导入文件"对话框，选择云盘中的"Ch03\遮罩文字\(Footage)\01.mp4、02.png"文件，单击"导入"按钮，导入文件到"项目"面板中，如图 3-4 所示。

图 3-3

图 3-4

（3）在"项目"面板中选中"01.mp4"和"02.png"文件，将其拖曳到"时间轴"面板中，图层的排列顺序如图 3-5 所示。"合成"面板中的效果如图 3-6 所示。

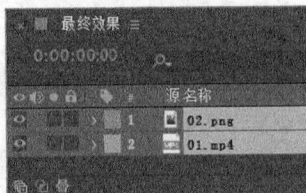

图 3-5

图 3-6

（4）选中"02.png"图层，按 P 键显示"位置"属性，设置"位置"属性为（1013.0,312.0），如图 3-7 所示。"合成"面板中的效果如图 3-8 所示。

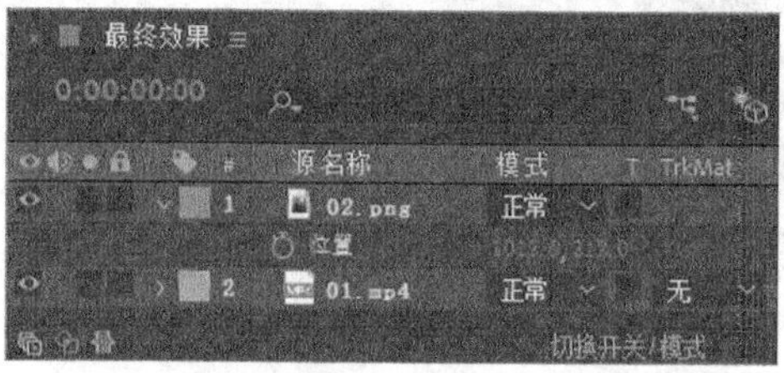

图 3-7

图 3-8

（5）保持"02.png"图层的选中状态，将时间标签放置在 0:00:01:05 的位置。选择"矩形工具"，在"合成"面板中拖曳鼠标绘制一个矩形蒙版，如图 3-9 所示。按 M 键两次，展开"蒙版"属性组。单击"蒙版路径"属性左侧的"关键帧自动记录器"按钮，如图 3-10 所示，记录一个"蒙版路径"关键帧。

图 3-9

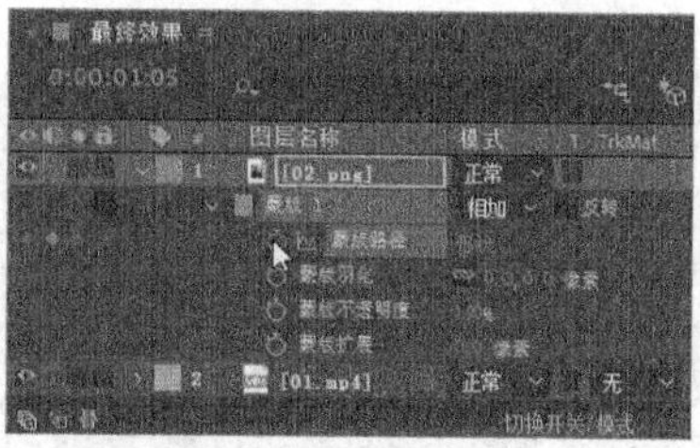

图 3-10

（6）将时间标签放置在 0:00:02:05 的位置。选择"选取工具"，在"合成"面板中，同时选中蒙版形状右边的两个控制点，将控制点向右拖曳到图 3-11 所示的位置，在 0:00:02:05 的位置再次记录一个关键帧，如图 3-12 所示。

图 3-11

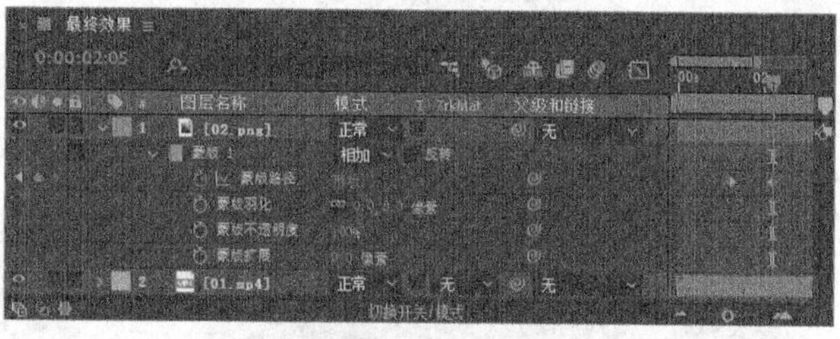

图 3-12

（7）遮罩文字制作完成，效果如图 3-13 所示。

图 3-13

3.2.2　绘制蒙版

（1）在"项目"面板中单击鼠标右键，在弹出的快捷菜单中选择"新建合成"命令，弹出"合成设置"对话框，在"合成名称"文本框中输入"蒙版"，其他设置如图 3-14 所示，设置完成后，单击"确定"按钮。

（2）在"项目"面板中双击，在弹出的"导入文件"对话框中，选择云盘中的"基础素材\Ch03\02.jpg～05.jpg"文件，单击"导入"按钮，将文件导入"项目"面板中，如图 3-15 所示。

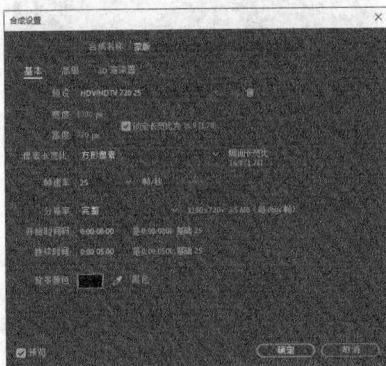
图 3-14

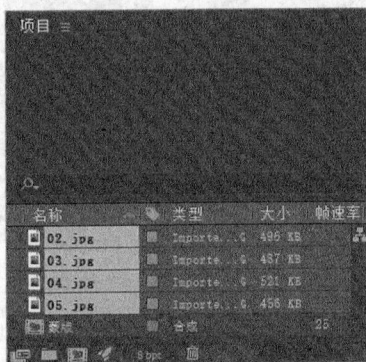
图 3-15

（3）在"项目"面板中保持文件处于选中状态，将其拖曳到"时间轴"面板中，单击"02.jpg"图层和"03.jpg"图层左侧的 按钮，将其隐藏，如图 3-16 所示。选中"04.jpg"图层，选择"椭圆工具" ，在"合成"面板中拖曳鼠标绘制圆形蒙版，效果如图 3-17 所示。

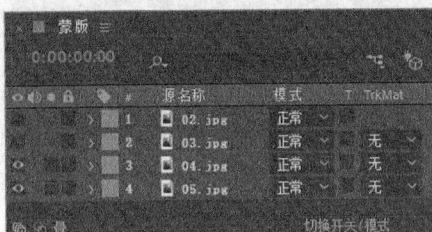
图 3-16

图 3-17

（4）选中"03.jpg"图层，并单击此图层最左侧的方框，显示该图层，如图3-18所示。选择"星形工具" 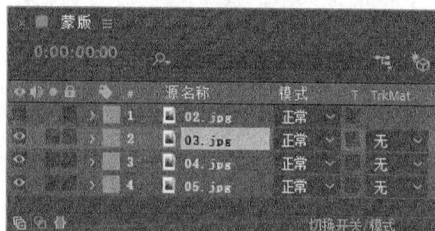，在"合成"面板中拖曳鼠标绘制星形蒙版，效果如图3-19所示。

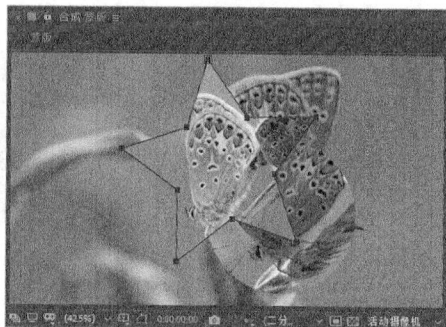

图3-18

图3-19

（5）选中"02.jpg"图层，并单击此图层最左侧的方框，显示该图层，如图3-20所示。选择"钢笔工具" ，在"合成"面板中拖曳鼠标绘制多边形蒙版，效果如图3-21所示。

图3-20

图3-21

3.2.3　调整蒙版

选择"钢笔工具" ，在"合成"面板中绘制蒙版，如图3-22所示。选择"转换'顶点'工具" ，单击一个节点，将该节点处的线段转换为折角；在节点处拖曳鼠标可以调出调节手柄，拖曳调节手柄，可以调整线段的弧度，如图3-23所示。

图3-22

图3-23

使用"添加'顶点'工具" 和"删除'顶点'工具" 添加和删除节点。选择"添加'顶点'

工具" ，将鼠标指针移动到需要添加节点的线段处并单击，可为该线段添加一个节点，如图 3-24 所示；选择"删除'顶点'工具" ，单击任意节点，即可将该节点删除，如图 3-25 所示。

图 3-24

图 3-25

使用"蒙版羽化工具" 可以对蒙版进行羽化。选择"蒙版羽化工具" ，将鼠标指针移动到该线段上，鼠标指针变为 形状时，如图 3-26 所示，单击可以添加一个控制点。拖曳控制点可以对蒙版进行羽化，如图 3-27 所示。

图 3-26

图 3-27

3.2.4　蒙版的变换

选择"选取工具" ，在蒙版边线上双击，会创建一个蒙版控制框，将鼠标指针移动到控制框的右上角，鼠标指针的形状变为 ，拖曳鼠标可以对整个蒙版进行旋转，如图 3-28 所示；将鼠标指针移动到边线中点的位置，鼠标指针的形状变为 时，拖曳鼠标，可以调整蒙版的宽度或高度，如图 3-29 所示。

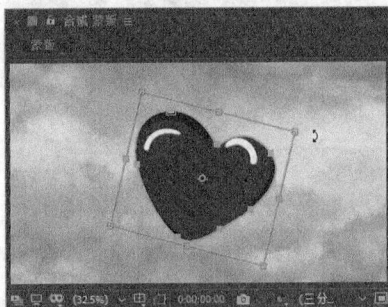

图 3-28

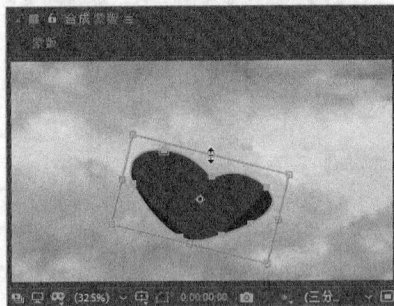

图 3-29

3.3 蒙版的基本操作

在 After Effects 中，可以使用多种方式编辑蒙版，还可以在"时间轴"面板中调整蒙版的属性，用蒙版制作动画。下面介绍蒙版的基本操作。

3.3.1 课堂案例——加载条效果

案例学习目标

学习蒙版的基本操作。

案例知识要点

使用"导入"命令导入素材文件，使用"矩形工具"▣绘制蒙版，使用"时间轴"面板设置蒙版的属性。加载条效果如图 3-30 所示。

扫码观看
本案例视频

扫码查看
扩展案例

图 3-30

效果所在位置

云盘\Ch03\加载条效果\加载条效果.aep。

（1）按 Ctrl+N 组合键，弹出"合成设置"对话框，在"合成名称"文本框中输入"最终效果"，将"背景颜色"设为黄绿色（其 R、G、B 值分别为 225、253、177），其他设置如图 3-31 所示，单击"确定"按钮，创建一个新的合成。

（2）选择"文件 > 导入 > 文件"命令，在弹出的"导入文件"对话框中选择云盘中的"Ch03\加载条效果\(Footage)\01.png~03.png"文件，单击"导入"按钮，导入文件到"项目"面板中，如图 3-32 所示。

图 3-31

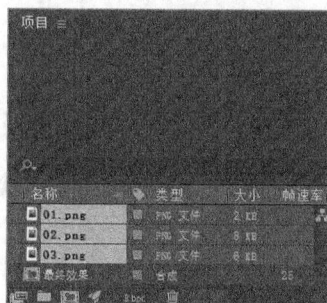

图 3-32

（3）在"项目"面板中选中"01.png"和"02.png"文件，将其拖曳到"时间轴"面板中，图层的排列顺序如图 3-33 所示。"合成"面板中的效果如图 3-34 所示。

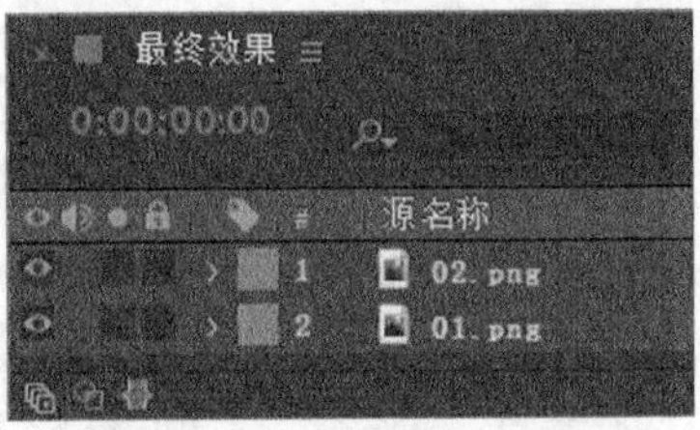

图 3-33

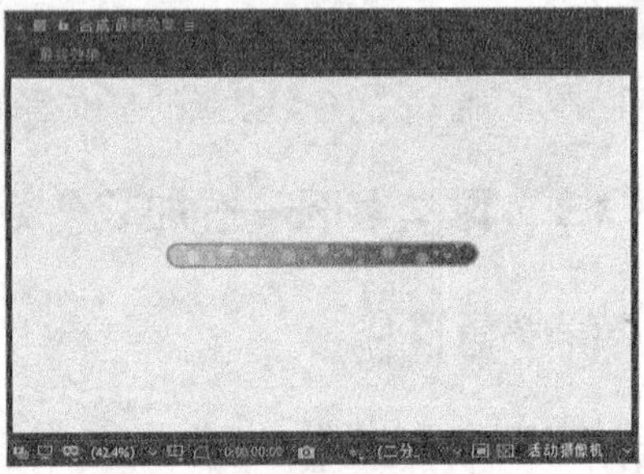

图 3-34

（4）选中"02.png"图层，选择"矩形工具" ▣，在"合成"面板中拖曳鼠标绘制一个矩形蒙版，如图 3-35 所示。按 M 键两次，展开"蒙版"属性组。单击"蒙版路径"属性左侧的"关键帧自动记录器"按钮 ◎，如图 3-36 所示，记录第 1 个"蒙版路径"关键帧。

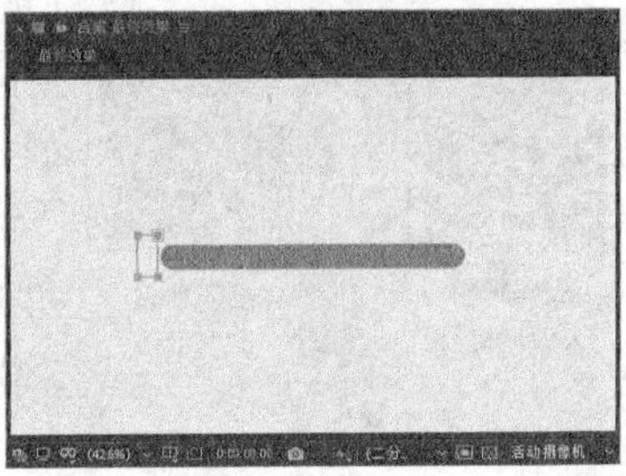

图 3-35

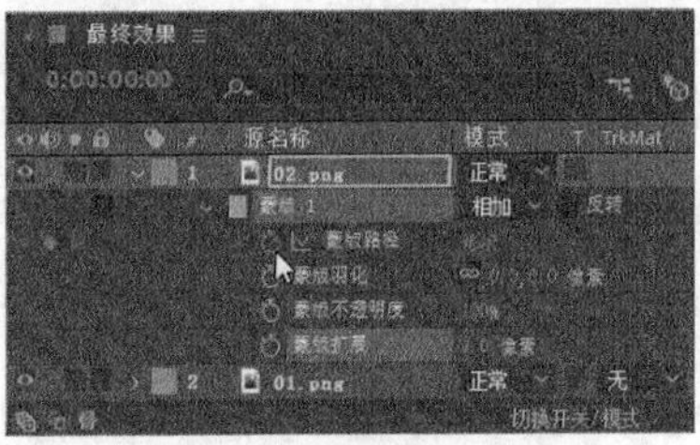

图 3-36

（5）将时间标签放置在 0:00:02:24 的位置。选择"选取工具" ▶，在"合成"面板中，同时选中蒙版形状右边的两个控制点，将控制点向右拖曳到图 3-37 所示的位置，在 0:00:02:24 的位置再记录一个关键帧。

（6）将时间标签放置在 0:00:00:00 的位置。在"时间轴"面板中，设置"蒙版羽化"属性为（80.0，80.0）、"蒙版扩展"属性为-10.0，如图 3-38 所示。

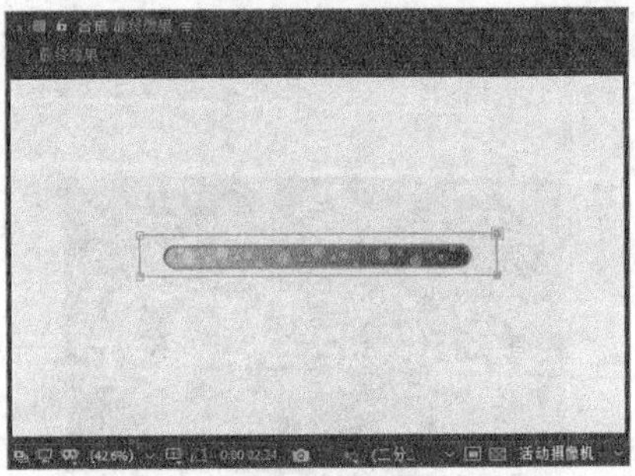

图 3-37

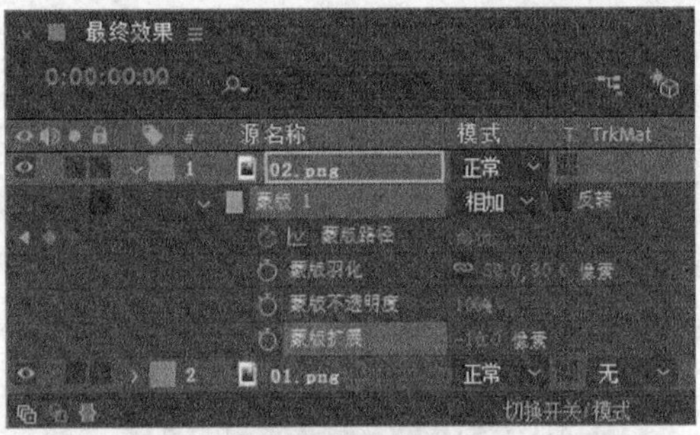

图 3-38

（7）分别单击"蒙版羽化"属性和"蒙版扩展"属性左侧的"关键帧自动记录器"按钮 ◎，如图 3-39 所示，记录第 1 个关键帧。

（8）将时间标签放置在 0:00:02:24 的位置。设置"蒙版羽化"属性为（0.0,0.0）、"蒙版扩展"属性为 0.0，如图 3-40 所示，记录第 2 个关键帧。

图 3-39

图 3-40

（9）在"项目"面板中选中"03.png"文件，将其拖曳到"时间轴"面板中，如图 3-41 所示。将时间标签放置在 0:00:00:00 的位置。按 P 键显示"位置"属性，设置"位置"属性为（340.0,360.0），如图 3-42 所示。

图 3-41

图 3-42

（10）单击"位置"属性左侧的"关键帧自动记录器"按钮，如图 3-43 所示，记录第 1 个关键帧。将时间标签放置在 0:00:02:24 的位置。设置"位置"属性为（944.0,360.0），如图 3-44 所示，记录第 2 个关键帧。

图 3-43

图 3-44

（11）加载条效果制作完成，如图 3-45 所示。

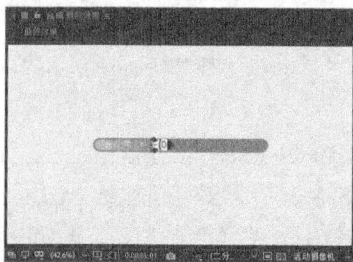

图 3-45

3.3.2　编辑蒙版的多种方式

工具栏中除了有多种创建蒙版的工具以外，还有多种编辑蒙版的工具，如下所示。

"选取工具" ▶：使用此工具可以在"合成"面板或者"图层"面板中选择和移动路径点或者整个路径。

"添加'顶点'工具" ▶：使用此工具可以增加路径上的节点。

"删除'顶点'工具" ▶：使用此工具可以减少路径上的节点。

"转换'顶点'工具" ▶：使用此工具可以改变路径的曲率。

"蒙版羽化"工具 ▶：使用此工具可以改变蒙版边缘的柔化效果。

> **提示**　　由于在"合成"面板中可以看到很多图层，所以在其中调整蒙版很有可能会受到干扰，不方便操作。建议先双击目标图层，然后在"图层"面板中对蒙版进行各种操作。

1．点的选择和移动

选择"选取工具" ▶，选中目标图层，单击路径上的节点，然后拖曳鼠标或按方向键来移动点；如果要取消选择，只需要在空白处单击即可。

2．线的选择和移动

选择"选取工具" ▶，选中目标图层，单击路径上两个节点之间的线，然后拖曳鼠标或按方向键来移动线；如果要取消选择，只需要在空白处单击即可。

3．多个点或者多条线的选择、移动、旋转和缩放

选择"选取工具" ▶，选中目标图层，首先单击路径上的第一个点或第一条线，然后在按住 Shift 键的同时，单击其他的点或者线，可以同时选择多个点或多条线。也可以用框选的方法选择多个点、多条线，或者全部选择。

同时选中多个点或多条线之后，在被选中的对象上双击可以生成一个控制框。此时，可以非常方便地进行移动、旋转和缩放等操作，如图 3-46～图 3-48 所示。

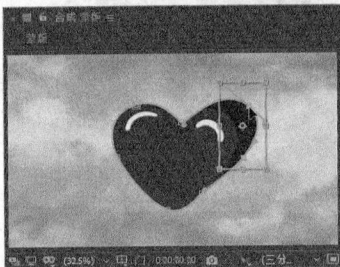
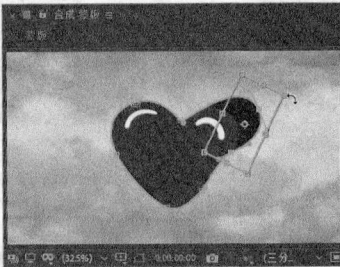
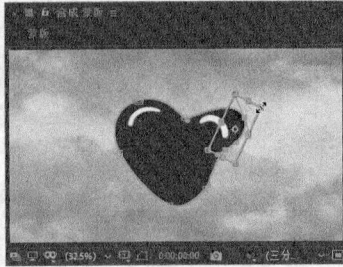

图 3-46　　　　　　　　　　图 3-47　　　　　　　　　　图 3-48

全选路径的快捷方法如下。

- 通过框选的方法将路径全部选取，但是不会出现控制框，如图 3-49 所示。
- 在按住 Alt 键的同时单击路径，可完成路径的全选，但是同样不会出现控制框。
- 在没有选择多个节点的情况下，在路径上双击，可全选路径，并出现一个控制框。
- 在"时间轴"面板中选中有蒙版的图层，按 M 键显示"蒙版"属性组，单击属性组的名

称或蒙版名称可全选路径，不会出现控制框，如图 3-50 所示。

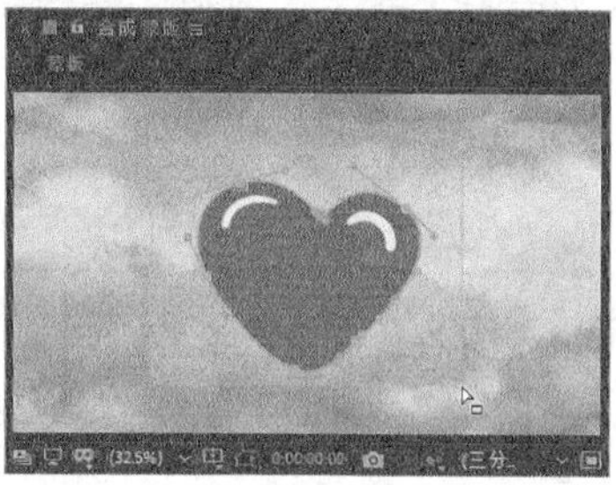

图 3-49

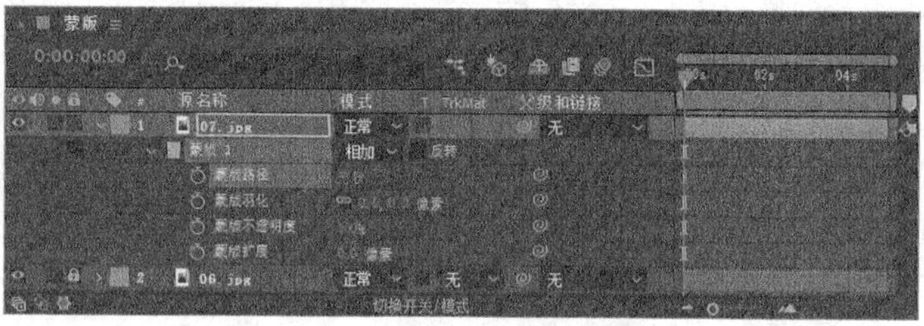

图 3-50

> **提示**
>
> 将节点全部选中，选择"图层 > 蒙版和形状路径 > 自由变换点"命令，或按 Ctrl+T 组合键，即可出现控制框。

4. 调整蒙版的层次

当一个图层中含有多个蒙版时，蒙版之间就存在层次关系，此关系与蒙版混合模式的选择有关。因为 After Effects 处理多个蒙版是按从上至下的顺序进行的，所以层次关系直接影响最终的混合效果。

在"时间轴"面板中，选中某个蒙版，然后将其上下拖曳即可改变层次，如图 3-51 所示。

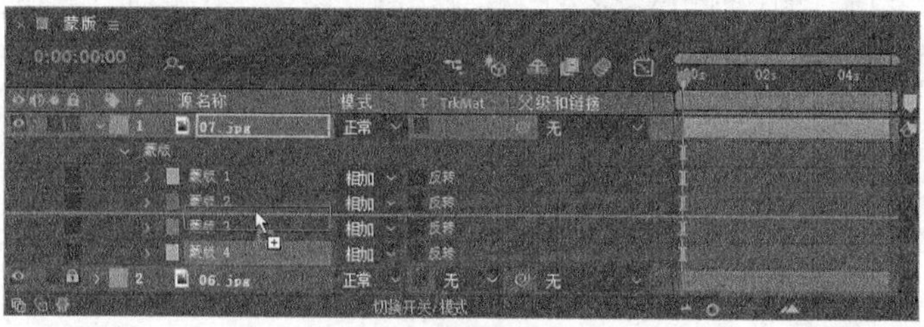

图 3-51

在"合成"面板或者"图层"面板中，可以先选中一个蒙版，然后进行以下操作，调整蒙版的层次。

● 选择"图层 > 排列 > 将蒙版置于顶层"命令，或按 Ctrl+Shift+] 组合键，将选中的蒙版放置到顶层。

● 选择"图层 > 排列 > 将蒙版前移一层"命令，或按 Ctrl+] 组合键，将选中的蒙版往上移动一层。

● 选择"图层 > 排列 > 将蒙版后移一层"命令，或按 Ctrl + [组合键，将选中的蒙版往下移动一层。

● 选择"图层 > 排列 > 将蒙版置于底层"命令，或按 Ctrl+ Shift+ [组合键，将选中的蒙版放置到底层。

3.3.3 在"时间轴"面板中调整蒙版的属性

蒙版不是简单的轮廓，在"时间轴"面板中，可以对蒙版的属性进行详细设置，还可以为属性添加关键帧，制作动画。

　　单击图层色彩标签左侧的小箭头按钮 ，展开图层的属性，如果图层中含有蒙版，就可以看到蒙版名称，单击蒙版名称左侧的小箭头按钮 ，可展开各个蒙版路径，单击其中任意一个蒙版名称左侧的小箭头按钮 ，可展开此蒙版的属性，如图 3-52 所示。

> **提示**　选中某图层，连续按两次 M 键，可展开此图层中蒙版的所有属性。

图 3-52

　　● 设置蒙版的颜色：单击"蒙版颜色"按钮 ，可以在弹出的"颜色"对话框中选择合适的颜色以区分路径。

　　● 设置蒙版的名称：选中要设置名称的蒙版，按 Enter 键，在出现的输入框中输入名称，修改完成后再次按 Enter 键即可。

　　● 选择蒙版的混合模式：当图层中含有多个蒙版时，可以为蒙版选择各种混合模式。需要注意的是，多个蒙版的层次关系对混合模式产生的最终效果有很大的影响。

　　无：选择此模式后，路径将仅作为路径存在，如作为勾边、光线或者路径动画的依据，如图 3-53 和图 3-54 所示。

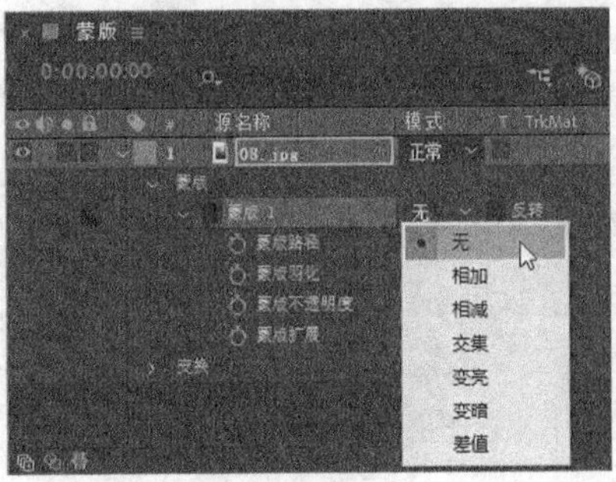

图 3-53

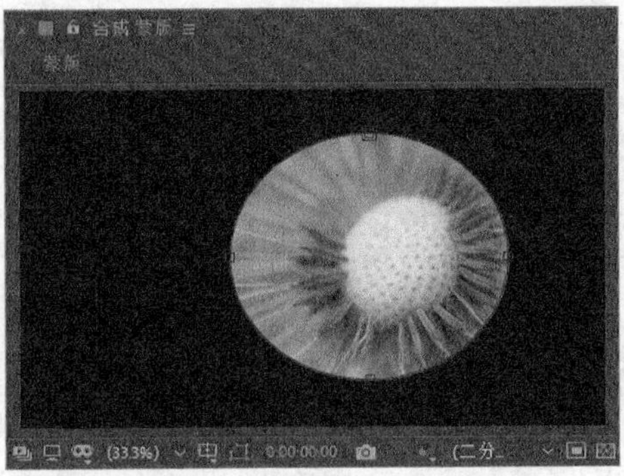

图 3-54

　　相加：蒙版相加模式，将当前蒙版区域与其上层的蒙版区域进行相加处理，对于蒙版重叠处的不透明度，则采取在非重叠不透明度的基础上以相加的方式处理。例如，某蒙版起作用前，蒙版重叠区域画面的不透明度为 50%，如果当前蒙版的不透明度是 50%，则运算后得出的蒙版重叠区域画面的不透明度是 70%，如图 3-55 和图 3-56 所示。

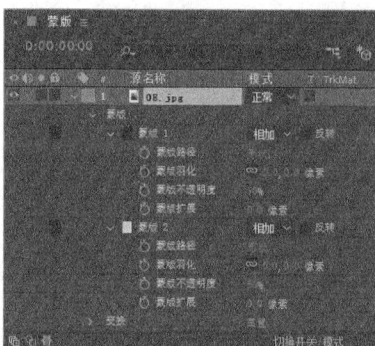

图 3-55

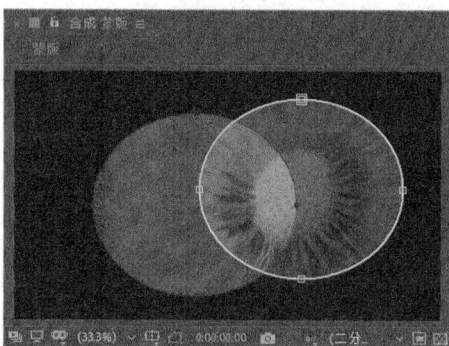

图 3-56

相减：蒙版相减模式，将当前蒙版中所有蒙版组合的结果相减，当前蒙版区域中的内容不显示。如果同时调整蒙版的不透明度，则不透明度的值越大，蒙版重叠区域内画面越透明；不透明度的值越小，蒙版重叠区域内画面越不透明，如图 3-57 和图 3-58 所示。例如，某蒙版起作用前，蒙版重叠区域画面的不透明度为 80%，如设置当前蒙版的不透明度为 50%，则运算后得出的蒙版重叠区域画面的不透明度为 40%，如图 3-59 和图 3-60 所示。

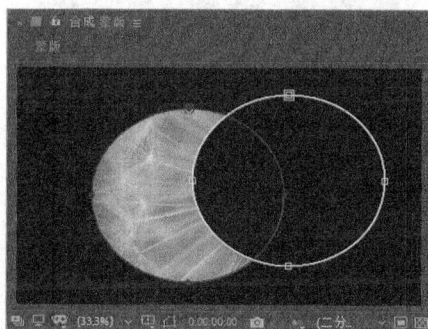

图 3-57

图 3-58

图 3-59

图 3-60

交集：只显示当前蒙版与其上层所有蒙版组合后的相交部分，相交区域内的不透明度是在上层蒙版不透明度的基础上再进行一次百分比运算，如图 3-61 和图 3-62 所示。例如，某蒙版起作用前，蒙版重叠区域画面的不透明度为 60%，如果设置当前蒙版的不透明度为 50%，则运算后得出的重叠区域画面的不透明度为 30%，如图 3-63 和图 3-64 所示。

图 3-61　　　　　　　　　　　　图 3-62

图 3-63　　　　　　　　　　　　图 3-64

变亮：对于可视区域来讲，此模式与"相加"模式一样，但是在蒙版重叠处的不透明度，则采用较高的那个值。例如，某蒙版起作用前，蒙版的重叠区域画面的不透明度为 60%，如果当前蒙版的不透明度为 80%，则运算后得出的蒙版重叠区域画面的不透明度为 80%，如图 3-65 和图 3-66所示。

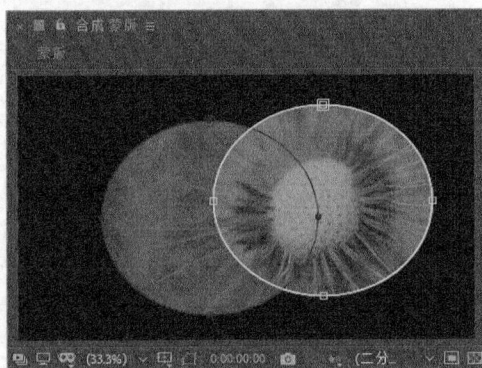

图 3-65　　　　　　　　　　　　图 3-66

变暗：对于可视区域来讲，此模式与"相减"模式一样，但是在蒙版重叠处的不透明度，则采用较低的那个值。例如，某蒙版起作用前，重叠区域画面的不透明度是 40%，如果当前蒙版的不透明度为 100%，则运算后得出的蒙版重叠区域画面的不透明度为 40%，如图 3-67 和图 3-68所示。

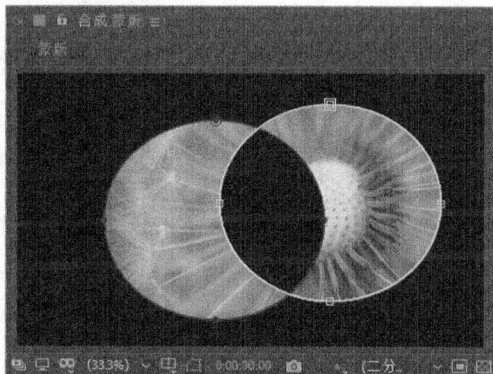

图 3-67	图 3-68

差值：此模式对可视区域采取的是并集减交集的方式，也就是说，先将当前蒙版与其上层的所有蒙版组合的结果进行并集运算，然后将当前蒙版与上层所有蒙版组合结果相交部分相减。对于不透明度，当前蒙版与上层蒙版组合的结果未相交部分采取当前蒙版的不透明度，相交部分采用两者之间的差值，如图 3-69 和图 3-70 所示。例如，某蒙版起作用前，重叠区域画面的不透明度为 40%，如果当前蒙版的不透明度为 60%，则运算后得出的蒙版重叠区域画面的不透明度为 20%。当前蒙版未重叠区域画面的不透明度为 60%，如图 3-71 和图 3-72 所示。

图 3-69	图 3-70

图 3-71	图 3-72

● 反转：将蒙版进行反向处理，激活反转前后的效果分别如图 3-73 和图 3-74 所示。

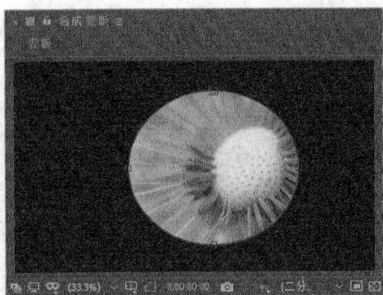

图 3-73

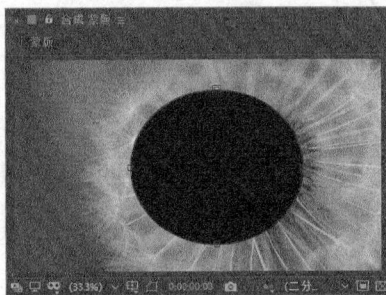

图 3-74

● 设置蒙版动画的属性：在蒙版属性列中可以为各蒙版属性添加关键帧动画效果。

蒙版路径：设置蒙版形状，单击右侧的"形状"按钮，弹出"蒙版形状"对话框，选择"图层 > 蒙版 > 蒙版形状"命令也可打开该对话框。

蒙版羽化：控制蒙版羽化，可以通过羽化蒙版得到自然的融合效果，并且 x 轴和 y 轴上可以有不同的羽化程度。单击 🔗 按钮，可以将两个轴锁定或解锁，效果如图 3-75 所示。

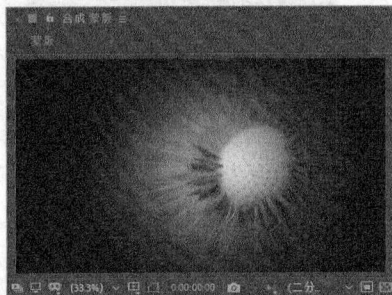

图 3-75

蒙版不透明度：调整蒙版的不透明度，蒙版不透明度为 100% 的效果如图 3-76 所示，蒙版不透明度为 50% 的效果如图 3-77 所示。

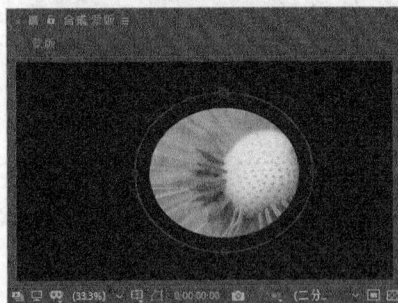

图 3-76

图 3-77

蒙版扩展：调整蒙版的扩展程度，正值表示扩展蒙版区域，负值表示收缩蒙版区域，"蒙版扩展"设置为 50 时的效果如图 3-78 所示，"蒙版扩展"设置为 -50 时的效果如图 3-79 所示。

图 3-78

图 3-79

3.4 课堂练习——制作调色效果

🔗 练习知识要点

使用"色阶"命令调整图像的明度，使用"定向模糊"命令调整图像的模糊度，使用"钢笔工具"🖊绘制蒙版。调色效果如图 3-80 所示。

图 3-80

扫码观看
本案例视频

📍 效果所在位置

云盘\Ch03\制作调色效果\制作调色效果.aep。

3.5 课后习题——切换动画效果

🔗 习题知识要点

使用"旋转"属性制作旋转动画效果，使用"钢笔工具"🖊绘制蒙版，使用"椭圆工具"⬭制作蒙版动画效果。切换动画效果如图 3-81 所示。

图 3-81

扫码观看
本案例视频

📍 效果所在位置

云盘\Ch03\切换动画效果\切换动画效果.aep。

04

第4章
应用"时间轴"面板制作效果

应用"时间轴"面板制作效果是 After Effects 中的重要操作，本章介绍时间轴、重置时间、关键帧的概念和关键帧的基本操作。读者学习本章的内容后，能够应用"时间轴"面板制作效果。

学习目标

- 了解时间轴的使用方法
- 了解重置时间轴的使用方法
- 了解关键帧的概念
- 掌握关键帧的基本操作

素养目标

- 培养使用时间轴来创建各种动画和效果实现创意目标的能力
- 培养在制作复杂的动画效果时，能够保持专注力的能力
- 培养能够通过不断实践和尝试积极探索的能力

4.1 时间轴

通过对时间轴进行控制，可以把正常播放速度的画面加速或减速，甚至反向播放，还可以产生一些非常有趣的或者富有戏剧性的效果。

4.1.1 课堂案例——倒放文字

案例学习目标

学习使用"时间伸缩"命令制作倒放文字效果。

案例知识要点

使用"导入"命令导入素材文件，使用"位置"属性和"不透明度"属性制作文字动画效果，使用"时间伸缩"命令制作倒放文字效果。倒放文字效果如图4-1所示。

图4-1

扫描观看
本案例视频

扫码查看
扩展案例

效果所在位置

云盘\Ch04\倒放文字\倒放文字.aep。

（1）按 Ctrl+N 组合键，弹出"合成设置"对话框，在"合成名称"文本框中输入"文字"，其他设置如图4-2所示，单击"确定"按钮，创建一个新的合成。

（2）选择"文件 > 导入 > 文件"命令，弹出"导入文件"对话框，选择云盘中的"Ch04\倒放文字\(Footage)\01.mp4、02.png"文件，单击"导入"按钮，导入文件到"项目"面板中。

（3）在"项目"面板中选中"02.png"文件，将其拖曳到"时间轴"面板中。"合成"面板中的效果如图4-3所示。

（4）将时间标签放置在 0:00:03:00 的位置。按 P 键显示"位置"属性，设置"位置"属性为（972.0,360.0），单击"位置"属性左侧的"关键帧自动记录器"按钮，如图4-4所示，记录第1个关键帧。将时间标签放置在 0:00:04:00 的位置。设置"位置"属性为（972.0,903.0），如图4-5所示，记录第2个关键帧。

图 4-2　　　　　　　　　　　　　　　图 4-3

图 4-4　　　　　　　　　　　　　　　图 4-5

（5）将时间标签放置在 0:00:03:00 的位置。按 T 键显示"不透明度"属性，单击"不透明度"属性左侧的"关键帧自动记录器"按钮 ，如图 4-6 所示，记录第 1 个关键帧。将时间标签放置在 0:00:04:15 的位置。设置"不透明度"属性为 0%，如图 4-7 所示，记录第 2 个关键帧。

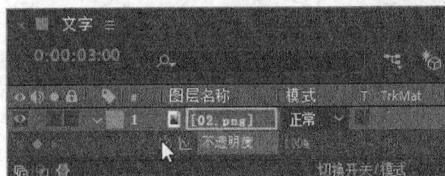

图 4-6　　　　　　　　　　　　　　　图 4-7

（6）按 Ctrl+N 组合键，弹出"合成设置"对话框，在"合成名称"文本框中输入"最终效果"，其他设置如图 4-8 所示，单击"确定"按钮，创建一个新的合成。

（7）在"项目"面板中选中"01.mp4"文件，将其拖曳到"时间轴"面板中。按 S 键显示"缩放"属性，设置"缩放"属性为（110.0,110.0%），如图 4-9 所示。

图 4-8　　　　　　　　　　　　　　　图 4-9

（8）在"项目"面板中选中"文字"合成，将其拖曳到"时间轴"面板中并放置在"01.mp4"图层的上方。选择"图层 > 时间 > 时间伸缩"命令，弹出"时间伸缩"对话框，设置"拉伸因数"为-100%，如图 4-10 所示，单击"确定"按钮。时间标签自动移到 0：00：00：00 的位置，如图 4-11 所示。

图 4-10

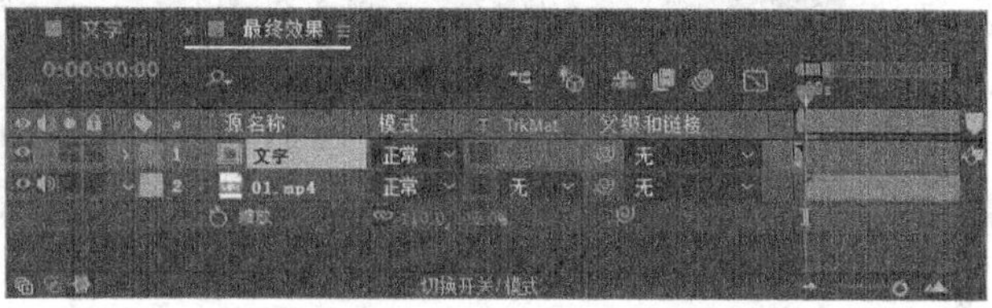

图 4-11

（9）按 [键将素材对齐，如图 4-12 所示，实现倒放功能。倒放文字效果制作完成，如图 4-13 所示。

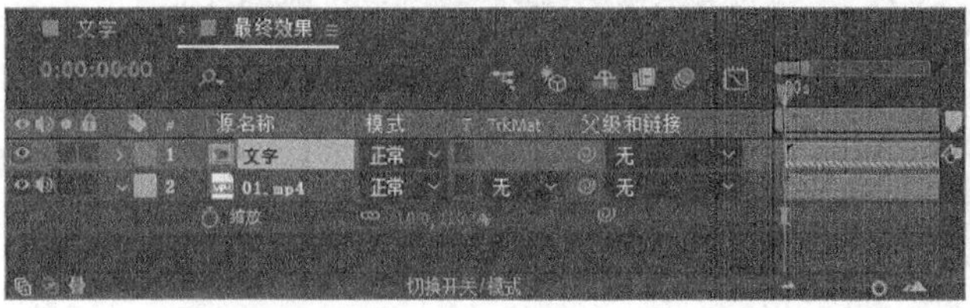

图 4-12

图 4-13

4.1.2 使用"时间轴"面板控制播放速度

选择"文件 > 打开项目"命令，选择云盘中的"基础素材\Ch04\小视频\小视频.aep"文件，单击"打开"按钮打开文件。

在"时间轴"面板中单击▇按钮，展开"伸缩"属性，如图 4-14 所示。"伸缩"属性可以加快或减慢素材的播放速度，默认情况下"伸缩"值为 100%，代表以正常速度播放；小于 100% 时，会加快播放速度；大于 100% 时，将减慢播放速度。不过"伸缩"属性不可以形成关键帧，因此不能用于制作变速的动画效果。

图 4-14

4.1.3　设置音频的时间轴属性

除了视频，在 After Effects 中还可以对音频使用伸缩功能。调整音频图层中的"伸缩"值，可以听到声音的变化，如图 4-15 所示。

例如某个素材图层同时包含音频和视频信息，在调整播放速度时，只希望影响视频信息，音频信息以正常速度播放，那么就需要将该素材图层复制一份，然后关闭其中一个素材图层的视频部分，但保留音频部分，不改变播放速度；关闭另一个素材图层的音频部分，保留视频部分，调整播放速度。

图 4-15

4.1.4　使用"入"和"出"面板

使用"入"和"出"面板可以方便地控制图层的入点和出点信息，不过"入"和"出"面板还隐藏了一些快捷功能，利用这些功能同样可以通过改变素材的播放速度。

在"时间轴"面板中，调整时间标签到某个位置，在按住 Ctrl 键的同时，单击入点或者出点参数，即可改变素材的播放速度，如图 4-16 所示。

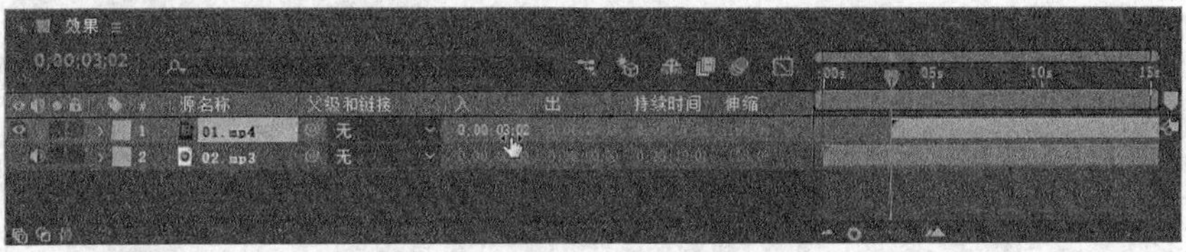

图 4-16

4.1.5　"时间轴"面板中的关键帧

如果某个素材图层上已经制作了关键帧动画，那么在改变其"伸缩"值时，不仅会影响其本身的播放速度，其关键帧之间的时间距离也会随之改变。例如，将"伸缩"值设置为 50%，那么原来关键帧之间的距离就会缩短一半，关键帧动画的播放速度会加快一倍，如图 4-17 所示。

图 4-17

如果不希望在改变"伸缩"值时，影响关键帧的位置，则需要全选当前图层的关键帧，然后选择"编辑 > 剪切"命令，或按 Ctrl+X 组合键，暂时将关键帧信息剪切到系统剪贴板中，调整伸缩值，在改变素材图层的播放速度后，选取添加了关键帧的属性，再选择"编辑 > 粘贴"命令，或按 Ctrl+V 组合键，将关键帧粘贴回当前图层。

4.1.6 颠倒时间

在视频节目中，我们经常会看到倒放的动态影像，利用"伸缩"属性可以很方便地实现这一效果，把"伸缩"值调整为负值即可。例如，要保持片段原来的播放速度，只是实现倒放，可以将"伸缩"值设置为-100％，如图 4-18 所示。

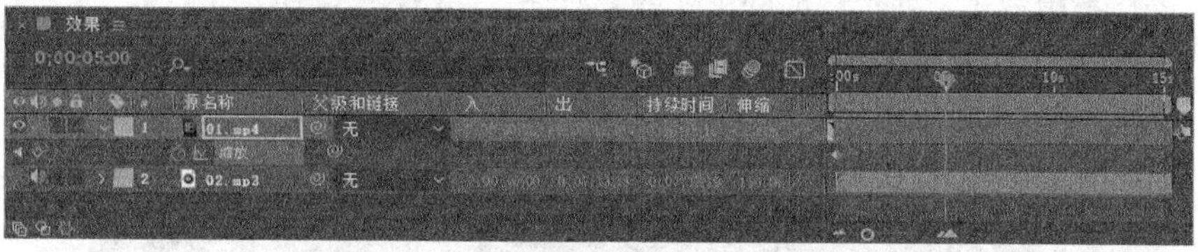

图 4-18

将"伸缩"值设置为负值后，图层上会出现蓝色斜线，表示已经颠倒了时间。但是图层会移动到别的地方，这是因为在颠倒时间的过程中，系统以图层的入点为变化基准，所以反向时图层的位置发生了变动，将入点拖曳到合适位置即可。

4.1.7 确定时间调整的基准点

在进行时间调整的过程中，基准点在默认情况下是入点，特别是在 4.1.6 小节颠倒时间的练习中，我们能明显地感受到这一点。其实，在 After Effects 中，时间调整的基准点是可以改变的。

单击"伸缩"参数，弹出"时间伸缩"对话框，在对话框的"原位定格"区域设置在改变时间"拉伸值"时图层变化的基准点，如图 4-19 所示。

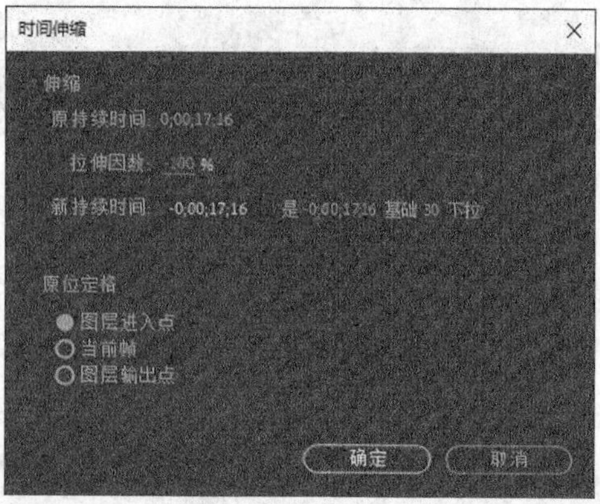

图 4-19

图层进入点：以图层入点为基准，也就是在调整过程中固定入点位置。

当前帧：以当前时间标签为基准，也就是在调整过程中同时影响入点和出点位置。

图层输出点：以图层出点为基准，也就是在调整过程中固定出点位置。

4.2 重置时间

重置时间是一种可以随时重新设置素材播放速度的功能。与伸缩时间功能不同的是，它可以设置关键帧，制作各种变速动画。重置时间可以应用在动态素材上，如视频素材、音频素材和嵌套合成等。

4.2.1 "启用时间重映射"命令

在"时间轴"面板中选择视频素材图层，选择"图层 > 时间 > 启用时间重映射"命令，或按 Ctrl+Alt+T 组合键，显示"时间重映射"属性，如图 4-20 所示。

图 4-20

添加"时间重映射"后，系统会自动在视频图层的入点和出点位置加入两个关键帧，入点位置的关键帧记录了片段 0:00:00:00 这个时间，出点关键帧记录了片段最后的时间。

4.2.2 时间重映射

（1）在"时间轴"面板中，移动时间标签到 0:00:05:00 的位置，单击"在当前时间添加或移除关键帧"按钮 █，如图 4-21 所示，生成一个关键帧，这个关键帧记录了素材 0:00:05:00 这个时间。

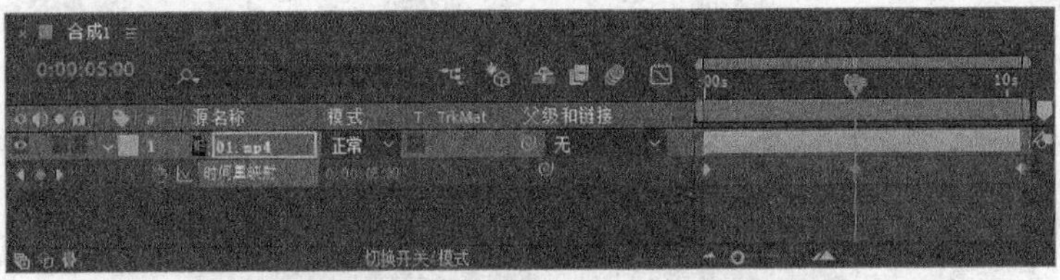

图 4-21

（2）将刚刚生成的关键帧往左边拖曳，移动到 0:00:02:00 的位置，这样得到的结果是从视频开始一直到 0:00:02:00 的位置，会播放 0:00:00:00 到 0:00:05:00 的内容。因此，从开始到 0:00:02:00 时，素材会快速播放，而过了 0:00:02:00 以后，素材会慢速播放，因为最后的那个关键帧并没有移动，如图 4-22 所示。

图 4-22

（3）按 0 键预览动画效果，按任意键结束预览。

（4）再次将时间标签移动到 0:00:05:00 的位置，单击"在当前时间添加或移除关键帧"按钮 ■，生成一个关键帧，这个关键帧记录了素材的 0:00:06:28 这个时间，如图 4-23 所示。

图 4-23

（5）将记录了 0:00:06:28 的这个关键帧移动到 0:00:01:00 的位置，会播放 0:00:00:00 到 0:00:06:28 的内容，速度非常快；然后从 0:00:01:00 到 0:00:02:00 的，会反向播放 0:00:06:28 到 0:00:05:00 的内容；过了 0:00:02:00 以后，会重新播放 0:00:05:00 到 0:00:10:15 的内容直到最后，如图 4-24 所示。

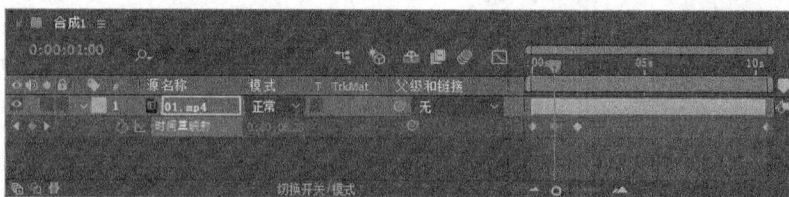

图 4-24

（6）可以切换到"图形编辑器"模式，调整这些关键帧的运动速率，形成各种变速时间变化，如图 4-25 所示。

图 4-25

4.3 关键帧的概念

在 After Effects 中，包含关键信息的帧称为关键帧。锚点、旋转和不透明度等所有能够用数值表示的信息都包含在关键帧中。

在制作电影时，通常要制作许多不同的片段，然后将这些片段连接到一起。每一个片段的开头和结尾都要做标记，这样在看到标记时就知道这一段内容是什么。

After Effects 依据前后两个关键帧识别动画的开始和结束状态，并自动计算它们中间的动画过程（此过程也叫插值运算），以此产生视觉动画。这也就意味着，要产生关键帧动画，就必须有两个或两个以上有变化的关键帧。

4.4　关键帧的基本操作

在 After Effects 中，可以添加、选择和编辑关键帧，还可以使用"关键帧自动记录器"按钮 ⏱ 来记录关键帧。下面介绍关键帧的基本操作。

4.4.1　课堂案例——活泼的小蝌蚪

案例学习目标

学习使用"关键帧自动记录器"按钮 ⏱ 添加关键帧，制作活泼的小蝌蚪效果。

案例知识要点

使用图层编辑蝌蚪的大小或方向，使用"动态草图"命令绘制动画路径并自动添加关键帧，使用"平滑器"命令自动减少关键帧，使用"投影"命令给蝌蚪添加投影。活泼的小蝌蚪效果如图 4-26 所示。

扫码观看
本案例视频

扫码查看
扩展案例

图 4-26

效果所在位置

云盘\Ch04\活泼的小蝌蚪\活泼的小蝌蚪. aep。

（1）按 Ctrl+N 组合键，弹出"合成设置"对话框，在"合成名称"文本框中输入"最终效果"，其他设置如图 4-27 所示，单击"确定"按钮，创建一个新的合成。选择"文件 > 导入 > 文件"命令，在弹出的"导入文件"对话框中选择云盘中的"Ch04\活泼的小蝌蚪\(Footage)\01.jpg、02.psd 和 03.png"文件，单击"导入"按钮，将图片导入"项目"面板中，如图 4-28 所示。

（2）在"项目"面板中，选择"01.jpg"和"02.psd"文件，将它们拖曳到"时间轴"面板中，图层的排列顺序如图 4-29 所示。选中"02.psd"图层，按 P 键显示"位置"属性，设置"位置"属性为（512.0,488.0），如图 4-30 所示。

图 4-27

图 4-28

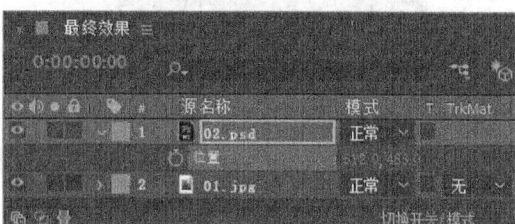

图 4-29

图 4-30

（3）选中"02.psd"图层，按 S 键显示"缩放"属性，设置"缩放"属性为（52.0,52.0%），如图 4-31 所示。选择"向后平移（锚点）工具" 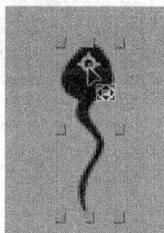 ，在"合成"面板中按住鼠标左键，调整蝌蚪的中心点位置，如图 4-32 所示。

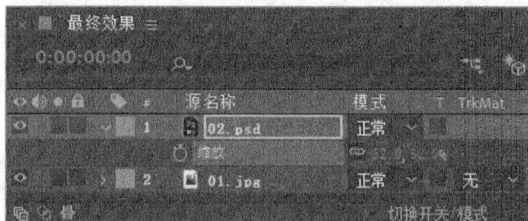

图 4-31

图 4-32

（4）按 R 键显示"旋转"属性，设置"旋转"属性为（0 x+100.0°），如图 4-33 所示。"合成"面板中的效果如图 4-34 所示。

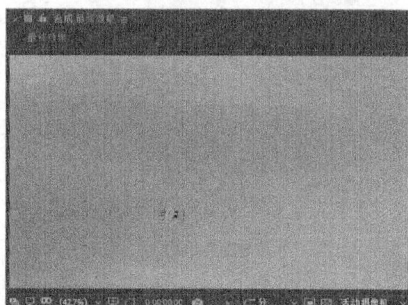

图 4-33

图 4-34

（5）选择"窗口 > 动态草图"命令，弹出"动态草图"面板，在面板中设置参数，如图 4-35 所示，单击"开始捕捉"按钮。当"合成"面板中的鼠标指针变成十字形状时，在面板中绘制运动路径，如图 4-36 所示。

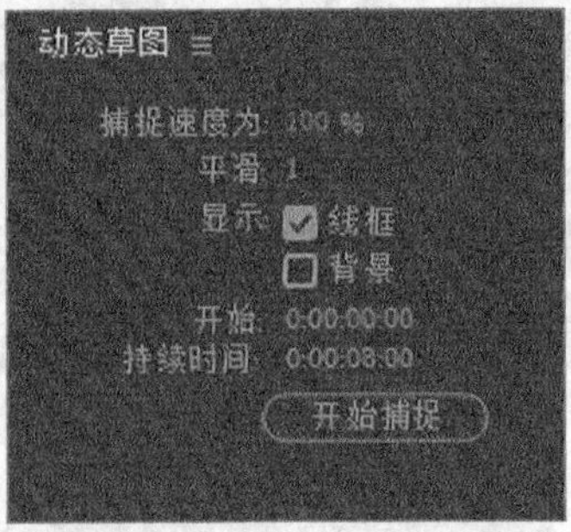

图 4-35

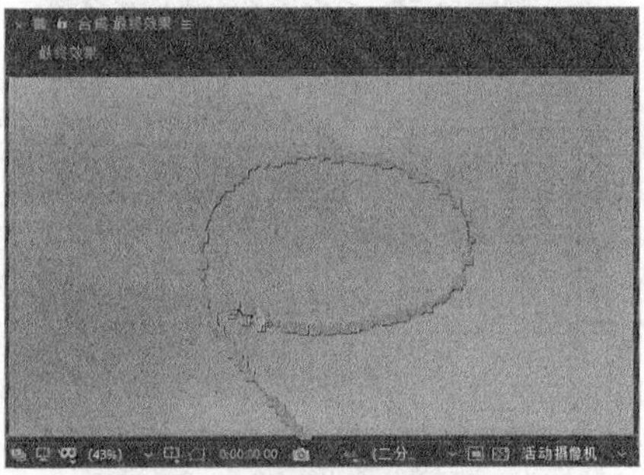

图 4-36

（6）选择"图层 > 变换 > 自动定向"命令，弹出"自动方向"对话框，在对话框中选择"沿路径定向"单选项，如图 4-37 所示，单击"确定"按钮。"合成"面板中的效果如图 4-38 所示。

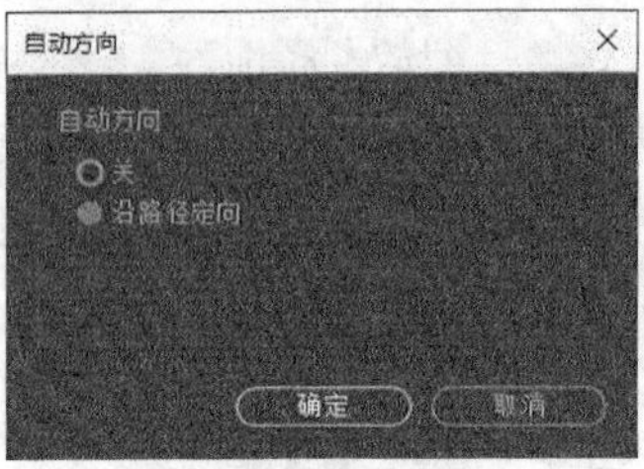

图 4-37

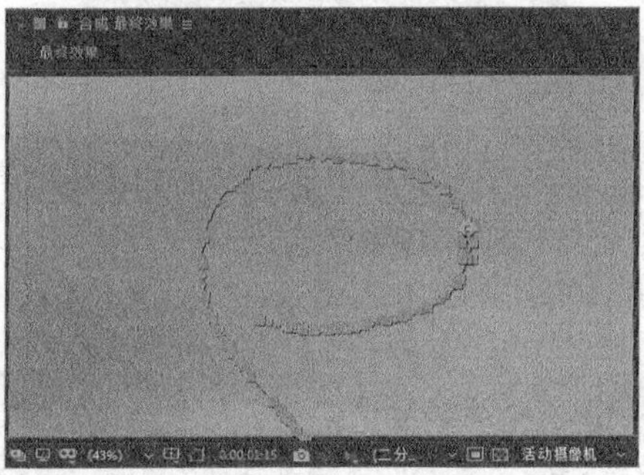

图 4-38

（7）按 P 键显示"位置"属性，框选所有的关键帧，选择"窗口 > 平滑器"命令，打开"平滑器"面板，在对话框中设置参数，如图 4-39 所示，单击"应用"按钮。"合成"面板中的效果如图 4-40 所示。制作完成后，动画会更加流畅。

图 4-39

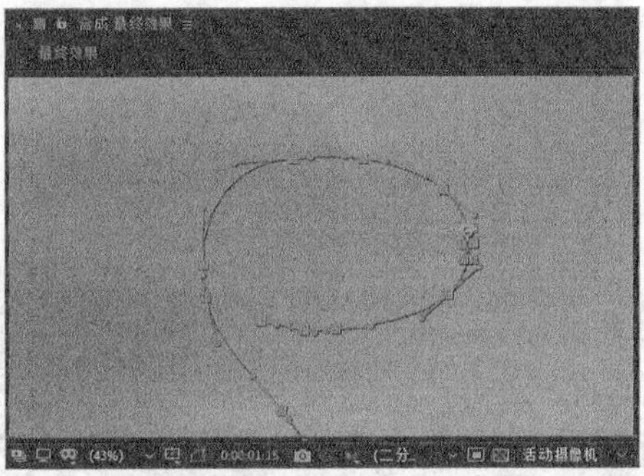

图 4-40

（8）选择"效果 > 透视 > 投影"命令，在"效果控件"面板中设置参数，如图 4-41 所示。"合成"面板中的效果如图 4-42 所示。

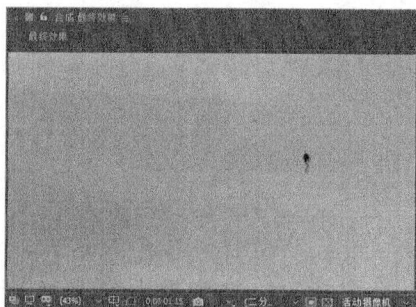

图 4-41 　　　　　　　　　　　　　　　　　　　图 4-42

（9）在"合成"面板中单击鼠标右键，在弹出的快捷菜单中选择"开关 > 运动模糊"命令，在"时间轴"面板中打开动态模糊开关，如图 4-43 所示。"合成"面板中的效果如图 4-44 所示。

（10）选中"02.psd"图层，按 Ctrl+D 组合键，复制该图层，如图 4-45 所示。按 P 键显示复制得到的图层的"位置"属性，单击"位置"属性左侧的"关键帧自动记录器"按钮 ，取消所有的关键帧，如图 4-46 所示。按照上述的方法制作另外一个蝌蚪的路径动画。

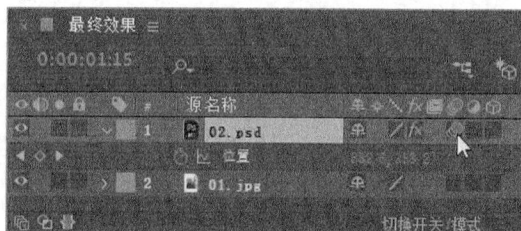

图 4-43 　　　　　　　　　　　　　　　　　　　图 4-44

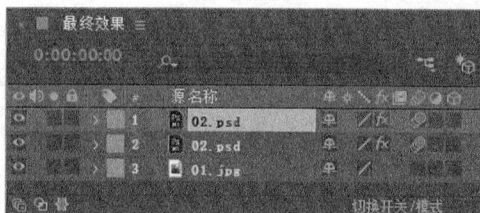 

图 4-45 　　　　　　　　　　　　　　　　　　　图 4-46

（11）选中复制得到的"02.psd"图层，将时间标签放置在 0:00:01:20 的位置，如图 4-47 所示。按 [键设置动画的入点，如图 4-48 所示。

图 4-47 　　　　　　　　　　　　　　　　　　　图 4-48

（12）在"项目"面板中，选中"03.png"文件并将其拖曳到"时间轴"面板中，如图 4-49 所示。活泼的小蝌蚪效果制作完成，如图 4-50 所示。

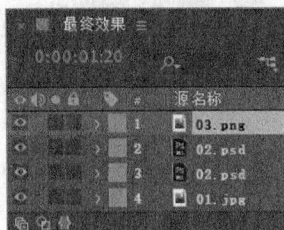

图 4-49

图 4-50

4.4.2　"关键帧自动记录器"按钮

After Effects 提供了非常丰富的功能来调整和设置图层的各个属性，但是在普通状态下，这种设置是针对整个持续时间的。如果要进行动画处理，则必须单击"关键帧自动记录器"按钮，记录两个或两个以上含有不同变化信息的关键帧，如图 4-51 所示。

图 4-51

"关键帧自动记录器"按钮处于启用状态时，After Effects 将自动记录当前时间标签下该图层该属性的任何变动，形成关键帧。如果关闭属性的"关键帧自动记录器"按钮，则此属性的所有已有的关键帧将被删除，由于缺少关键帧，动画信息丢失，所以再次调整属性时，被视为针对整个持续时间的调整。

4.4.3　添加关键帧

添加关键帧的方法有很多，基本方法是先激活某属性的"关键帧自动记录器"按钮，然后改变属性值，在当前时间标签处将形成关键帧，具体操作步骤如下。

（1）选择某图层，单击小箭头按钮或按属性的快捷键，展开图层的属性。

（2）将时间标签移动到需要建立第一个关键帧的位置。

（3）单击某属性左侧的"关键帧自动记录器"按钮，当前时间标签处将产生第一个关键帧，调整此属性到合适值。

（4）将时间标签移动到需要建立下一个关键帧的位置，在"合成"面板或者"时间轴"面板中调整相应的图层属性，关键帧将自动产生。

（5）按 0 键，预览动画。

如果某图层的蒙版属性打开了"关键帧自动记录器"按钮,那么在"图层"面板中调整该蒙版时,也会产生关键帧信息。

另外,单击"时间轴"面板中的关键帧控制区 ◀◇▶ 中间的 ◇ 按钮,可以添加关键帧;如果在已经有关键帧的情况下单击此按钮,则会删除已有的关键帧,快捷键是 Alt+Shift+属性组合键,如 Alt+Shift+P 组合键。

4.4.4 关键帧导航

在 4.4.3 小节中,提到了"时间轴"面板的关键帧控制区,此控制区最主要的功能是关键帧导航,通过关键帧导航可以快速跳转到上一个或下一个关键帧,还可以方便地添加和删除关键帧。如果此控制区没有出现,则单击"时间轴"面板左上方的 ☰ 按钮,在弹出的菜单中选择"列数 > A/V 功能"命令,即可打开此控制区,如图 4-52 所示。

图 4-52

若要对关键帧进行导航操作,就必须将关键帧显示出来。按 U 键,可以显示图层中所有关键帧的动画信息。

◀:用于跳转到上一个关键帧,其快捷键是 J 键。

▶:用于跳转到下一个关键帧,其快捷键是 K 键。

关键帧导航按钮仅针对本属性的关键帧进行导航,快捷键 J 键和 K 键则可以针对画面中显示的所有关键帧进行导航,这是有区别的。

"在当前时间添加或移除关键帧"按钮 ◇:当前无关键帧状态,单击此按钮将生成关键帧。

"在当前时间添加或移除关键帧"按钮 ◆:当前已有关键帧状态,单击此按钮将删除关键帧。

4.4.5 选择关键帧

1. 选择单个关键帧

在"时间轴"面板中,展开某个含有关键帧的属性,单击某个关键帧,此关键帧即被选中。

2. 选择多个关键帧

● 在"时间轴"面板中，在按住 Shift 键的同时逐个单击关键帧，即可同时选择多个关键帧。

● 在"时间轴"面板中，用鼠标拖曳出一个选取框，选取框内的所有关键帧被选中，如图 4-53
所示。

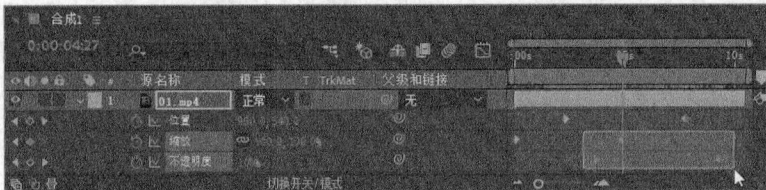

图 4-53

3. 选择所有关键帧

单击属性名称，即可选择其中的所有关键帧，如图 4-54 所示。

图 4-54

4.4.6　编辑关键帧

1. 设置关键帧的参数

在关键帧上双击，在弹出的对话框中设置关键帧的参数，如图 4-55 所示。

> **提示**　不同的属性对话框呈现的内容不同，图 4-55 为双击"位置"属性关键帧弹出的对话框。

如果在"合成"面板或者"时间轴"面板中调整关键帧，就必须先选中关键帧，否则编辑关键帧操作将变成生成新的关键帧操作，如图 4-56 所示。

图 4-55

图 4-56

> **提示**　在按住 Shift 键的同时移动时间标签，时间标签将自动对齐最近的关键帧，如果在按住 Shift 键的同时移动关键帧，则关键帧将自动对齐时间标签。

要同时修改某属性的几个或所有关键帧的参数，需要先同时选中几个或者所有关键帧，并确定时间标签刚好对齐被选中的某一个关键帧，如图 4-57 所示。

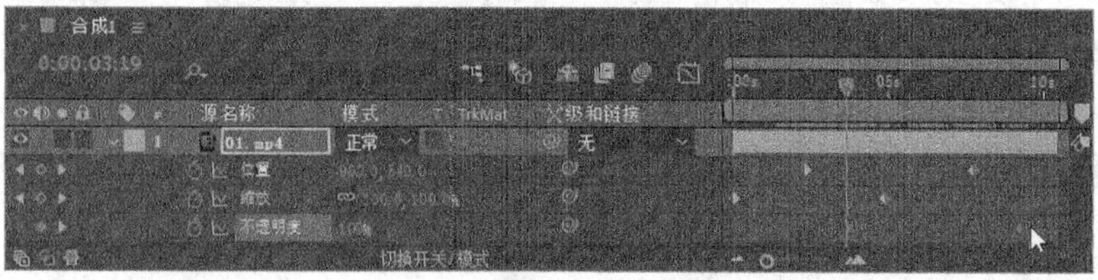

图 4-57

2. 移动关键帧

选中单个或者多个关键帧，将其拖曳到目标位置即可移动关键帧。还可以在按住 Shift 键的同时，将关键帧锁定到当前时间标签位置。

3. 复制关键帧

复制关键帧可以大大提高制作效率，减少一些重复操作。在粘贴前一定要注意当前选择的目标图层、目标图层的目标属性，以及时间标签所在的位置，因为这是粘贴操作的重要依据。复制关键帧的具体操作步骤如下。

（1）选中要复制的单个或多个关键帧，甚至可以是多个属性的多个关键帧，如图 4-58 所示。

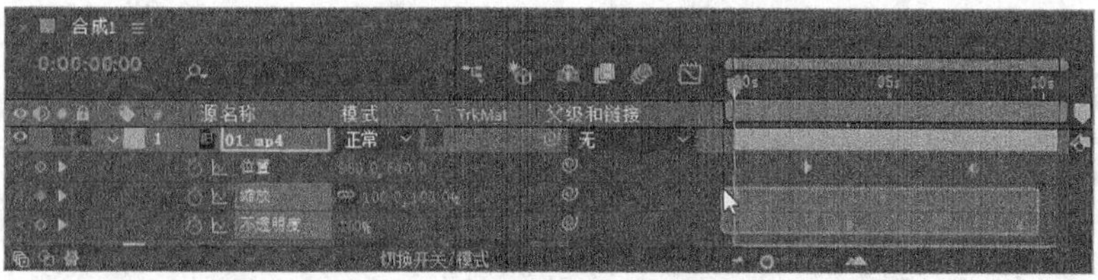

图 4-58

（2）选择"编辑 > 复制"命令，复制选中的多个关键帧。选择目标图层，将时间标签移动到目标位置，如图 4-59 所示。

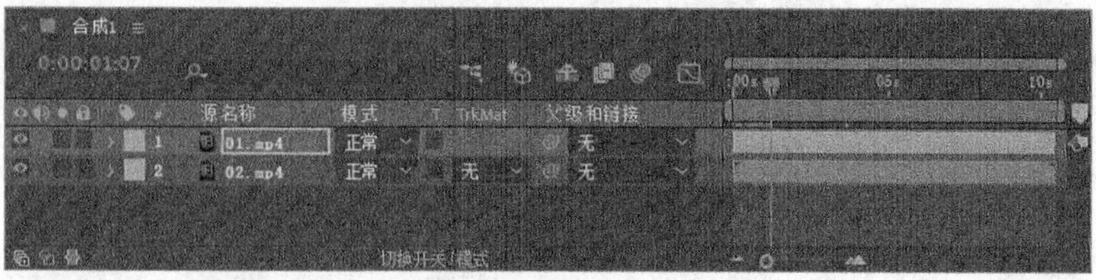

图 4-59

（3）选择"编辑 > 粘贴"命令，将复制的关键帧粘贴，按 U 键显示所有关键帧，如图 4-60 所示。

图 4-60

> **提示**
>
> 　　不仅可以将关键帧复制粘贴到本图层的属性中，还可以将其粘贴到其他图层的属性中。如果复制粘贴到本图层或其他图层的属性中，那么两个属性的数据类型必须一致。例如，将某个二维图层的"位置"动画信息复制粘贴到另一个二维图层的"锚点"属性中，由于两个属性的数据类型是一致的（都是 x 轴和 y 轴的两个值），所以可以实现复制操作，如图 4-61 所示。只要在执行粘贴操作前，确定选中目标图层的目标属性即可。 
>
>
> 图 4-61
>
> 　　如果粘贴的关键帧与目标图层上的关键帧在同一时间位置，则覆盖目标图层上原来的关键帧。另外，图层的属性值在无关键帧时也可以复制，通常用于统一不同图层间的属性。

4. 删除关键帧

● 选中需要删除的单个或多个关键帧，选择"编辑 > 清除"命令，进行删除操作。

● 选中需要删除的单个或多个关键帧，按 Delete 键完成删除操作。

● 当前时间位置的关键帧，关键帧控制区中的"在当前时间添加或移除关键帧"按钮变为 形状，单击此状态下的这个按钮或按 Alt+Shift+属性组合键，如 Alt+Shift+P 组合键，将删除当前关键帧。

● 如果要删除某属性的所有关键帧，则单击属性的名称选中该属性的全部关键帧，然后按 Delete 键；单击关键帧属性左侧的"关键帧自动记录器"按钮 ，将其关闭，也能删除关键帧。

4.5 课堂练习——花世界

🔗 练习知识要点

　　使用"导入"命令导入视频与图片，使用"缩放"属性缩放效果，使用"位置"属性改变位置，使用"启用时间重映射"命令添加并编辑关键帧效果。花世界效果如图 4-62 所示。

📍 效果所在位置

　　云盘\Ch04\花世界\花世界.aep。

图 4-62

4.6 课后习题——水墨过渡效果

习题知识要点

使用"复合模糊"命令制作快速模糊,使用"置换图"命令制作置换效果,使用"不透明度"属性编辑不透明度,使用"矩形工具" ▣ 绘制蒙版。水墨过渡效果如图 4-63 所示。

图 4-63

效果所在位置

云盘\Ch04\水墨过渡效果\水墨过渡效果.aep。

05

第 5 章
创建文字

本章介绍创建文字的方法，内容包括文字工具、文本图层、文字效果等。读者学习本章的内容后，可以了解并掌握 After Effects 中的文字创建技巧。

学习目标

- 掌握创建文字的方法
- 了解文字效果的应用

素养目标

- 培养具备良好的语言理解的能力
- 具备良好的组织和排版能力
- 培养语句通顺、含义清楚的文字表达能力

5.1 文字

在 After Effects 中创建文字非常方便，有以下几种方法。

● 选择工具栏中的"横排文字工具" T，如图 5-1 所示。

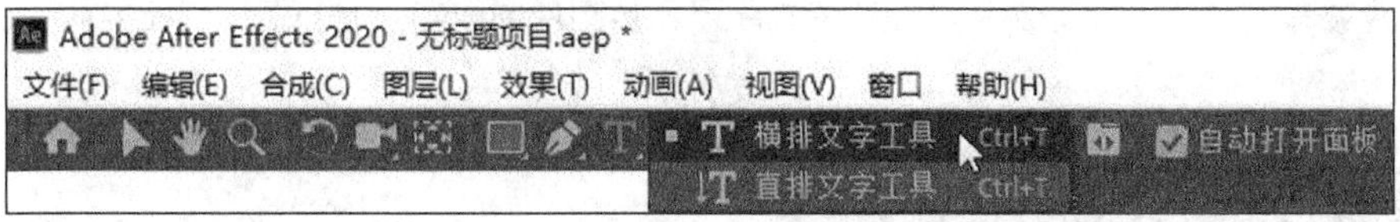

图 5-1

● 选择"图层 > 新建 > 文本"命令，或按 Ctrl+Alt+Shift+T 组合键，如图 5-2 所示。

图 5-2

5.1.1 课堂案例——打字效果

案例学习目标

学习输入文字、编辑文字和制作打字动画的方法。

案例知识要点

使用"横排文字工具" T 输入文字，使用"字符"面板编辑文字，使用"文字处理器"效果制作打字动画。打字效果如图 5-3 所示。

图 5-3

扫码观看
本案例视频

扫码查看
扩展案例

◎ 效果所在位置

云盘\Ch05\打字效果\打字效果.aep。

（1）按 Ctrl+N 组合键，弹出"合成设置"对话框，在"合成名称"文本框中输入"最终效果"，其他设置如图 5-4 所示，单击"确定"按钮，创建一个新的合成。选择"文件 > 导入 > 文件"命令，在弹出的"导入文件"对话框中选择云盘中的"Ch05\打字效果\(Footage)\ 01.jpg"文件，单击"导入"按钮，图片被导入"项目"面板中，如图 5-5 所示，将图片拖曳到"时间轴"面板中。

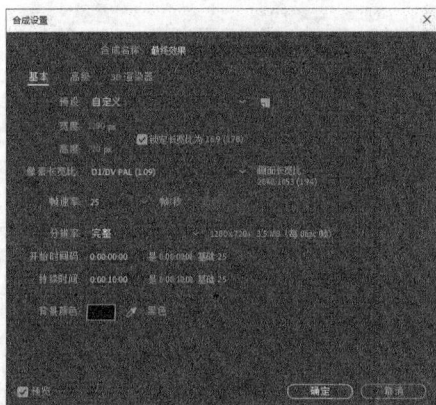

图 5-4

图 5-5

（2）选择"横排文字工具" **T**，在"合成"面板中输入文字"童年是欢乐的海洋，在童年的回忆中有无数的趣事，也有伤心的往事，我在那回忆的海岸寻觅着美丽的童真，找到了……"。选中文字，在"字符"面板中设置文字参数，如图 5-6 所示。"合成"面板中的效果如图 5-7 所示。

图 5-6

图 5-7

（3）选中文本图层，将时间标签放置在 0:00:00:00 的位置。选择"窗口 > 效果和预设"命令，打开"效果和预设"面板，单击"动画预设"左侧的小箭头按钮 ⟩ 将其展开，双击"Text > Multi-Line"下的"文字处理器"，如图 5-8 所示，应用效果。"合成"面板中的效果如图 5-9 所示。

（4）选中文本图层，按 U 键显示所有关键帧属性，如图 5-10 所示。将时间标签放置在 0:00:08:03 的位置，在按住 Shift 键的同时，将第 2 个关键帧拖曳到时间标签所在的位置，并设置"滑块"属性为 100.00，如图 5-11 所示。

图 5-8

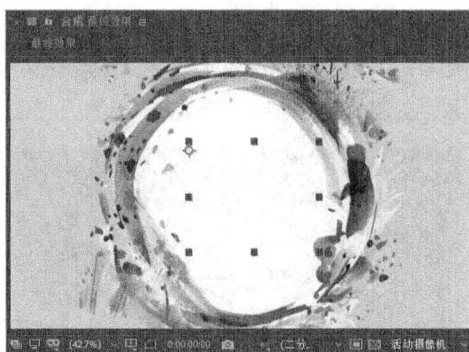

图 5-9

图 5-10

图 5-11

（5）打字效果制作完成，如图 5-12 所示。

图 5-12

5.1.2 文字工具

工具栏提供了创建文本的工具，包括"横排文字工具" **T** 和"直排文字工具" **T**，可以根据需要创建水平文字和垂直文字，如图 5-13 所示。可以在"字符"面板中设置字体类型、字号、颜色、字间距、行间距和比例关系等。可以在"段落"面板中设置文本左对齐、中心对齐和右对齐等段落对齐方式，如图 5-14 所示。

图 5-13

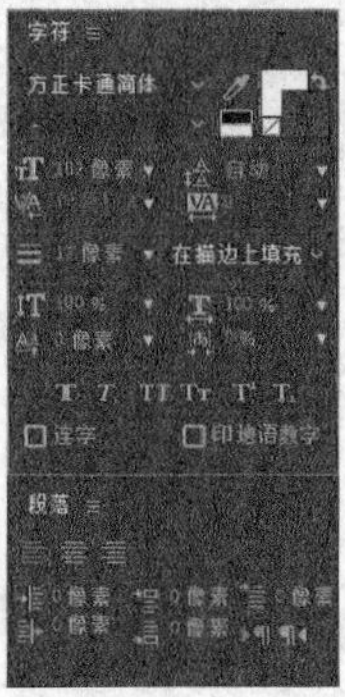

图 5-14

5.1.3　文本图层

在菜单栏中选择"图层 > 新建 > 文本"命令，如图 5-15 所示，可以建立一个文本图层。建立文本图层后，可以直接在面板中输入需要的文字，如图 5-16 所示。

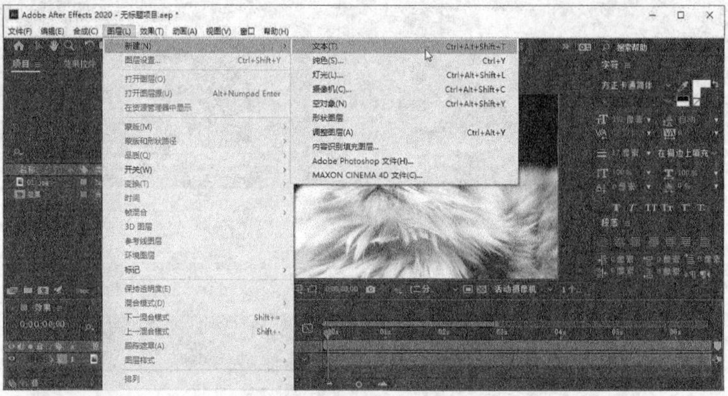

图 5-15

图 5-16

5.2 文字效果

After Effect 保留了旧版本中的一些文字效果，如基本文字和路径文字，这些效果主要用于创建一些单纯使用文字工具不能实现的效果。

5.2.1 课堂案例——描边文字

案例学习目标

学习为文字添加效果。

案例知识要点

使用"横排文字工具" **T** 输入文字，使用"基本文字"命令添加文字效果，使用"路径文字"命令制作路径文字效果。描边文字效果如图 5-17 所示。

图 5-17

扫码观看
本案例视频

扫码查看
扩展案例

效果所在位置

云盘\Ch05\描边文字\描边文字.aep。

（1）按 Ctrl+N 组合键，弹出"合成设置"对话框，在"合成名称"文本框中输入"最终效果"，其他设置如图 5-18 所示，单击"确定"按钮，创建一个新的合成。

（2）选择"文件 > 导入 > 文件"命令，在弹出的"导入文件"对话框中选择云盘中的"Ch05\描边文字\Footage)\ 01. mpeg"文件，单击"导入"按钮，视频被导入"项目"面板中，如图 5-19 所示，将其拖曳到"时间轴"面板中。

图 5-18

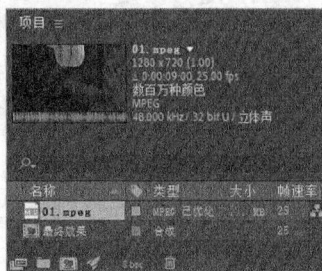

图 5-19

（3）选中"01. mpeg"图层，按 S 键显示"缩放"属性，设置"缩放"属性为（105.0,105.0%），如图 5-20 所示。"合成"面板中的效果如图 5-21 所示。

图 5-20

图 5-21

（4）保持"01. mpeg"图层的选取状态，选择"效果 > 过时 > 基本文字"命令，在弹出的"基本文字"对话框中进行设置，如图 5-22 所示，单击"确定"按钮，完成基本文字的添加。"合成"面板中的效果如图 5-23 所示。

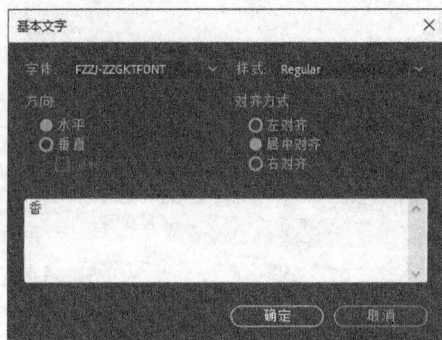

图 5-22

图 5-23

（5）在"效果控件"面板中进行设置，如图 5-24 所示。"合成"面板中的效果如图 5-25 所示。

图 5-24

图 5-25

（6）选择"效果 > 过时 > 基本文字"命令，在弹出的"基本文字"对话框中进行设置，如图 5-26 所示，单击"确定"按钮，完成基本文字的添加。在"效果控件"面板中进行设置，如图 5-27 所示。"合成"面板中的效果如图 5-28 所示。

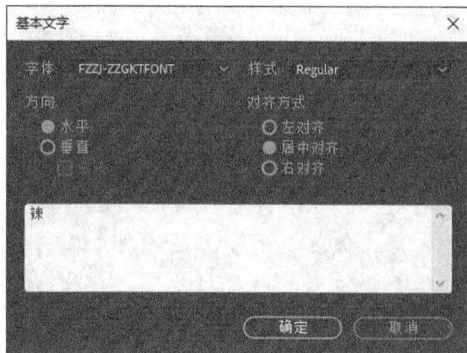

图 5-26

图 5-27

（7）选择"效果 > 过时 > 基本文字"命令，在弹出的"基本文字"对话框中进行设置，如图 5-29 所示，单击"确定"按钮，完成基本文字的添加。在"效果控件"面板中进行设置，如图 5-30 所示。"合成"面板中的效果如图 5-31 所示。

图 5-28

图 5-29

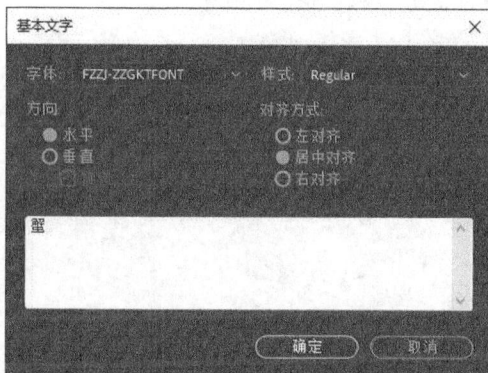

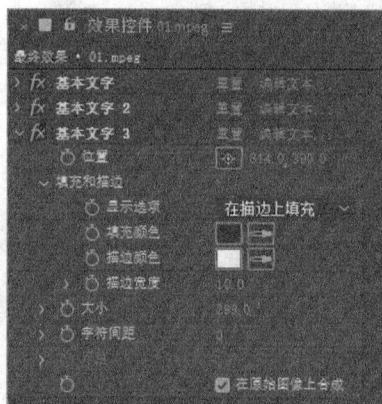

图 5-30

图 5-31

（8）选择"横排文字工具" **T**，在"合成"面板中输入文字"福薛记"。选中文字，在"字符"面板中，设置"填充颜色"为红色（其 R、G、B 值均为 222、33、0），其他参数设置如图 5-32 所示。"合成"面板中的效果如图 5-33 所示。

图 5-32　　　　　　　　　　　　　　　　　　　图 5-33

（9）取消所有对象的选择，选择"椭圆工具" ◯，在工具栏中设置"填充"为红色（其 R、G、B 值均为 222、33、0）、"描边"为白色、"描边宽度"为 4 像素，如图 5-34 所示。在按住 Shift 键的同时，在"合成"面板中绘制一个圆形。按 Ctrl+D 组合键，复制图层，并将两个图形拖曳到适当的位置，效果如图 5-35 所示。

图 5-34　　　　　　　　　　　　　　　　　　　图 5-35

（10）选择"图层 > 新建 > 形状图层"命令，在"时间轴"面板中新增一个"形状图层 2"图层，如图 5-36 所示。保持"形状图层 2"图层的选取状态，选择"效果 > 过时 > 路径文字"命令，在弹出的"路径文字"对话框中进行设置，如图 5-37 所示，单击"确定"按钮，完成路径文字的添加。

图 5-36　　　　　　　　　　　　　　　　　　　图 5-37

（11）在"效果控件"面板中进行设置，如图 5-38 所示。在"合成"面板中分别调整 4 个控制点到适当的位置，如图 5-39 所示。

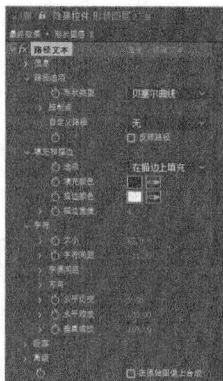

图 5-38

图 5-39

（12）描边文字效果制作完成，效果如图 5-40 所示。

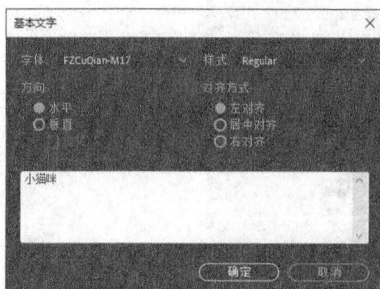

图 5-40

5.2.2 基本文字效果

基本文字效果用于创建文本或文本动画，可以指定文本的字体、样式、方向以及对齐方式，如图 5-41 所示。

该效果还可以将文字创建在一个现有的图像图层中，勾选"在原始图像上合成"复选框，可以将文字与图像融合在一起，也可以取消勾选该复选框，只使用文字。该效果还提供了位置、填充和描边、大小、字符间距和行距等信息，如图 5-42 所示。

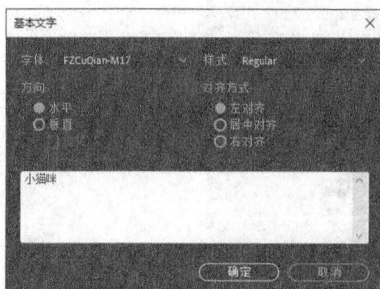

图 5-41

图 5-42

5.2.3 路径文字效果

路径文字效果用于制作字符沿某一条路径运动的动画效果。选择"效果＞路径文字"命令，打开"路径文字"对话框，该效果对话框提供了字体和样式设置，如图 5-43 所示。

路径文字效果还提供了信息、路径选项、填充和描边、字符、段落、高级、在原始图像上合成等设置，如图 5-44 所示。

图 5-43   图 5-44

5.2.4 编号

编号效果用于生成不同格式的随机数或序数，如小数、日期和时间码，甚至是当前日期和时间（在渲染时）。使用编号效果可以创建各种计数器。序数的最大偏移是 30000。此效果适用于 8-bpc 颜色。选择"效果＞文本＞编号"命令，打开"编号"对话框，在"编号"对话框中可以设置字体、样式、方向和对齐方式等，如图 5-45 所示。

编号效果还提供了格式、填充和描边、大小、字符间距等设置，如图 5-46 所示。

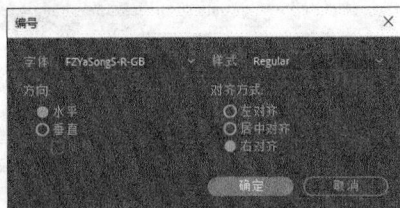

图 5-45

图 5-46

5.2.5 时间码效果

时间码效果主要用于在素材图层中显示时间信息或者关键帧上的编码信息，还可以将时间码的信息译成密码并保存在图层中显示。时间码效果还提供了显示格式、时间源、丢帧、开始帧、文本位置、文字大小、文本颜色等设置，如图 5-47 所示。

图 5-47

<h2>5.3　课堂练习——飞舞数字流</h2>

练习知识要点

使用"横排文字工具" **T** 输入文字，使用"导入"命令导入文件，使用"Particular"命令制作飞舞数字。飞舞数字流效果如图 5-48 所示。

扫码观看
本案例视频

图 5-48

效果所在位置

云盘\Ch05\飞舞数字流\飞舞数字流.aep。

5.4　课后习题——运动模糊文字

习题知识要点

　　使用"导入"命令导入素材，使用"横排文字工具" T 输入文字，使用"椭圆工具" ◯ 绘制装饰图形，使用"高斯模糊"命令制作模糊效果。运动模糊文字效果如图 5-49 所示。

扫码观看
本案例视频

图 5-49

效果所在位置

　　云盘\Ch05\运动模糊文字\运动模糊文字.aep。

06

第 6 章
应用效果

　　本章主要介绍 After Effects 中的各种效果及其应用方式和参数设置，并对有实用价值、存在一定难度的效果进行重点讲解。通过对本章的学习，读者可以快速了解并掌握 After Effects 效果的制作。

学习目标

- 初步了解效果
- 模糊和锐化
- 颜色校正
- 生成
- 扭曲
- 杂色和颗粒
- 模拟
- 风格化

素养目标

- 培养通过探索不同的功能创造独特图像的能力
- 培养对图像进行各类效果操作的实际应用的能力
- 培养具有审美眼光，学习和欣赏不同效果的能力

6.1 初步了解效果

After Effects 自带许多效果，包括音频、模糊和锐化、颜色校正、扭曲、键控、模拟、风格化和文字等。使用效果不仅能对作品进行丰富的艺术加工，还可以提高作品的画面质量和播放效果。

6.1.1 为图层添加效果

为图层添加效果的方法很简单，方式也有很多种，可以根据情况灵活应用。

● 在"时间轴"面板中选中某个图层，再选择"效果"菜单中的命令。

● 在"时间轴"面板的某个图层上单击鼠标右键，在弹出的快捷菜单中选择"效果"子菜单中的命令。

● 选择"窗口 > 效果和预设"命令，或按 Ctrl+5 组合键，打开"效果和预设"面板，从各个分类中选中需要的效果，然后将其拖曳到"时间轴"面板中的某图层上，如图 6-1 所示。

● 在"时间轴"面板中选择某图层，然后选择"窗口 > 效果和预设"命令，打开"效果和预设"面板，双击分类中的效果。

一个效果常常是不能满足创作需要的。只有使用以上任意一种方法，添加多个效果，才能制作出复杂而多变的效果。但是，为同一图层应用多个效果时，一定要注意效果的添加顺序，因为不同的顺序可能会有完全不同的画面效果，如图 6-2 和图 6-3 所示。

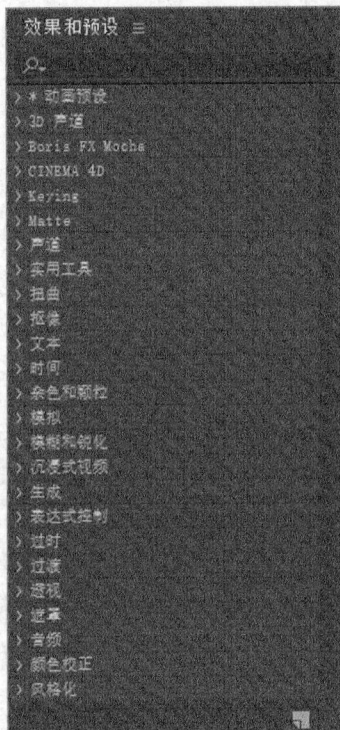

图 6-1

图 6-2

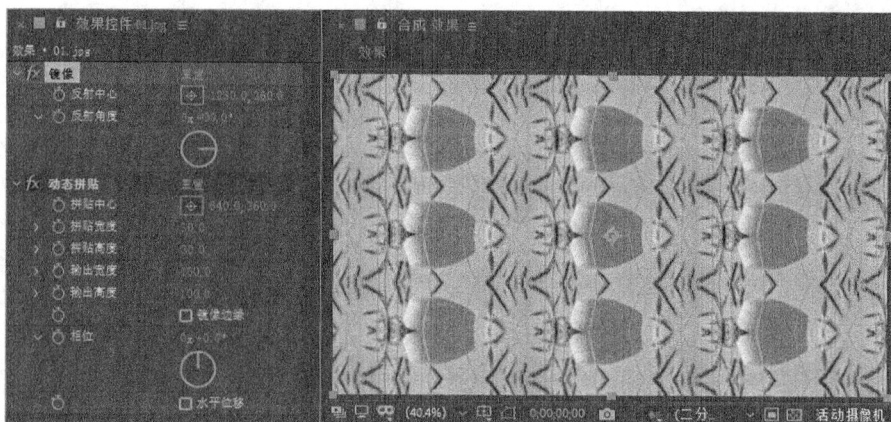

图 6-3

改变效果顺序的方法也很简单，只要在"效果控件"面板或者"时间轴"面板中，上下拖曳效果到目标位置即可，如图 6-4 和图 6-5 所示。

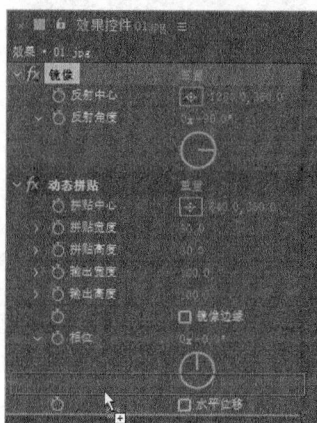

图 6-4

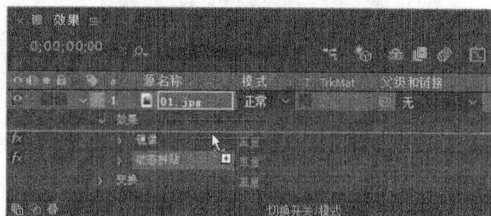

图 6-5

6.1.2　调整、删除、复制和暂时关闭效果

1. 调整效果

在为图层添加效果时，系统一般会自动将"效果控件"面板打开，如果未打开该面板，可以选择"窗口 > 效果控件"命令将"效果控件"面板打开。

添加效果后，效果的属性不同产生的效果也不同，可以通过以下 5 种方式调整效果。

● 定义位置点：一般用来设置效果的中心位置。调整的方法有两种：一种是直接调整参数值；另一种是单击　按钮，在"合成"面板中的合适位置单击，效果如图 6-6 所示。

● 调整数值：将鼠标指针放置在某个属性右侧的数值上，鼠标指针变为　时，上下拖曳鼠标可以调整数值，如图 6-7 所示，也可以直接在数值上单击将其激活，然后输入需要的数值。

● 调整滑块：左右拖曳滑块调整数值。不过需要注意，该方式调不到参数的极限值。例如，"复合模糊"效果，虽然在调整滑块中看到的调整范围是 0～100，但如果用直接输入数值的方法调整，则最大值能输入 4000，因此在滑块中看到的调整范围一般是常用的数值段，如图 6-8 所示。

图 6-6

图 6-7

- 颜色选取框：主要用于选取或者改变颜色，单击会弹出图 6-9 所示的对话框。
- 角度旋转器：一般用于设置角度和圈数，如图 6-10 所示。

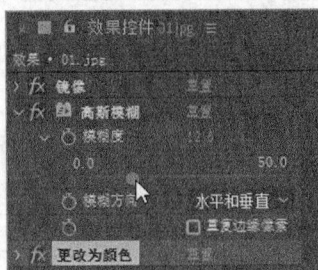

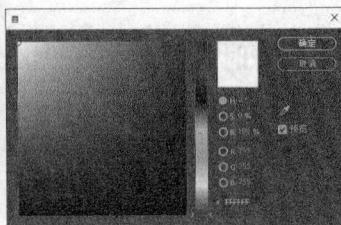

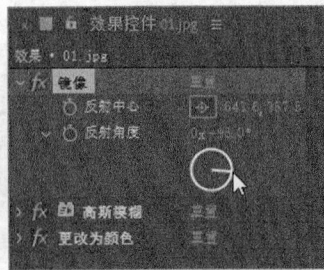

图 6-8　　　　　　　　　　　　图 6-9　　　　　　　　　　　　图 6-10

2．删除效果

删除效果的方法很简单，只需要在"效果控件"面板或者"时间轴"面板中选择某个效果，按 Delete 键即可将其删除。

> **提示**
>
> 在"时间轴"面板中快速展开效果的方法是：选中含有效果的图层后按 E 键。

3. 复制效果

如果只是在本图层中复制效果，则只需要在"效果控件"面板或者"时间轴"面板中选中效果，按 Ctrl+D 组合键即可。

如果要将效果复制到其他图层中，则具体操作步骤如下。

（1）在"效果控件"面板或者"时间轴"面板中选中原图层中的一个或多个效果。

（2）选择"编辑 > 复制"命令，或者按 Ctrl+C 组合键，完成效果的复制操作。

（3）在"时间轴"面板中选中目标图层，然后选择"编辑 > 粘贴"命令，或按 Ctrl+V 组合键，完成效果的粘贴操作。

4. 暂时关闭效果

在"效果控件"面板和"时间轴"面板中，有一个非常方便的开关 *fx*，可以帮助用户暂时关闭某个或某几个效果，使其不起作用，如图 6-11 和图 6-12 所示。

图 6-11

图 6-12

6.1.3 制作关键帧动画

1. 在"时间轴"面板中制作动画

（1）在"时间轴"面板中选择某个图层，选择"效果 > 模糊和锐化 > 高斯模糊"命令，为其添加"高斯模糊"效果。

（2）按 E 键显示该效果的属性，单击"高斯模糊"属性组左侧的小箭头按钮，将其展开。

（3）单击"模糊度"属性左侧的"关键帧自动记录器"按钮，生成第 1 个关键帧，如图 6-13 所示。

（4）将时间标签移动到另一个位置，调整"模糊度"的数值，After Effects 将自动生成第 2 个关键帧，如图 6-14 所示。

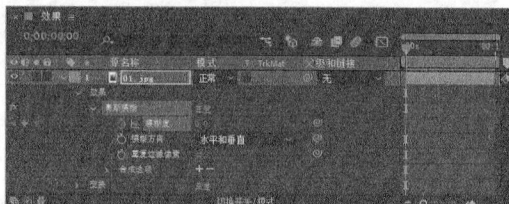

图 6-13

图 6-14

（5）按 0 键预览动画。

2. 在"效果控件"面板中制作关键帧动画

（1）在"时间轴"面板中选择某个图层，选择"效果 > 模糊和锐化 > 高斯模糊"命令，为其添加"高斯模糊"效果。

（2）在"效果控件"面板中单击"模糊度"属性左侧的"关键帧自动记录器"按钮 ，如图 6-15 所示，或在按住 Alt 键的同时单击"模糊度"属性名称，生成第 1 个关键帧。

（3）将时间标签移动到另一个时间位置，在"效果控件"面板中调整"模糊度"属性的数值，自动生成第 2 个关键帧。

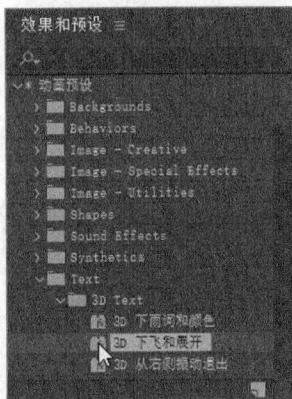

图 6-15

6.1.4　使用预设效果

在使用预设效果前必须确定时间标签所处的位置，因为使用的预设效果如果含有动画信息，将会以当前时间标签位置为动画的起始点，如图 6-16 和图 6-17 所示。

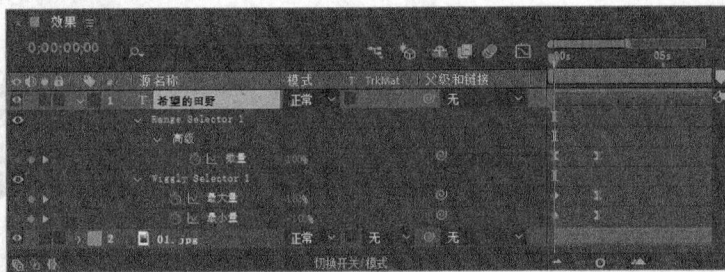

图 6-16

图 6-17

6.2　模糊和锐化

"模糊和锐化"效果用来模糊和锐化图像。"模糊和锐化"效果是最常使用的效果之一，也是一种简便易行的改变画面视觉效果的途径。动态的画面需要"虚实结合"，这样即使是平面的合成，也能给人空间感和对比感，让人产生联想，而且可以使用模糊来提升画面的质量，有时很粗糙的画面经过处理后会有良好的效果。

6.2.1　课堂案例——闪白效果

案例学习目标

为图片添加多种模糊效果。

案例知识要点

使用"导入"命令导入素材，使用"快速方框模糊"命令、"色阶"命令制作图像闪白效果，使用"投影"命令制作文字投影效果，使用"效果和预设"命令制作文字动画效果。闪白效果如图 6-18 所示。

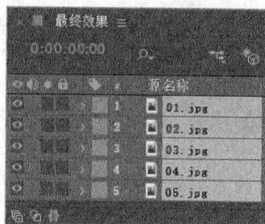

图 6-18

效果所在位置

云盘\Ch06\闪白效果\闪白效果.aep。

1. 导入素材

（1）按 Ctrl+N 组合键，弹出"合成设置"对话框，在"合成名称"文本框中输入"最终效果"，其他设置如图 6-19 所示，单击"确定"按钮，创建一个新的合成。

（2）选择"文件 > 导入 > 文件"命令，在弹出的"导入文件"对话框中选择云盘中的"Ch06\闪白效果\(Footage)\ 01.jpg～07.jpg" 7 个文件，单击"导入"按钮，将图片导入"项目"面板中，如图 6-20 所示。

图 6-19   图 6-20

（3）在"项目"面板中，选中"01.jpg～05.jpg"文件，将它们拖曳到"时间轴"面板中，图层的排列顺序如图 6-21 所示。将时间标签放置在 0:00:03:00 的位置，如图 6-22 所示。

图 6-21   图 6-22

（4）选中"01.jpg"图层，按 Alt+] 组合键，设置动画的出点，"时间轴"面板如图 6-23 所示。用相同的方法分别设置"03.jpg""04.jpg"和"05.jpg"图层的出点，"时间轴"面板如图 6-24 所示。

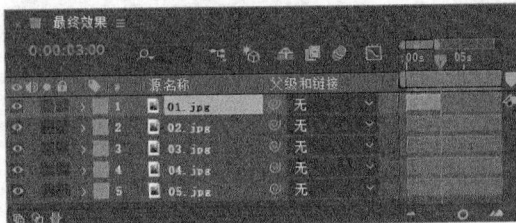

图 6-23　　　　　　　　　　　图 6-24

（5）将时间标签放置在 0:00:04:00 的位置，如图 6-25 所示。选中"02.jpg"图层，按 Alt+] 组合键，设置动画的出点，"时间轴"面板如图 6-26 所示。

图 6-25　　　　　　　　　　　图 6-26

（6）在"时间轴"面板中选中"01.jpg"图层，在按住 Shift 键的同时单击"05.jpg"图层，两个图层及它们之间的图层将被选中，选择"动画 > 关键帧辅助 > 序列图层"命令，弹出"序列图层"对话框，取消勾选"重叠"复选框，如图 6-27 所示，单击"确定"按钮，每个图层依次排序，首尾相接，如图 6-28 所示。

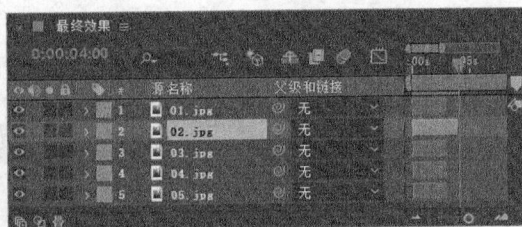

图 6-27　　　　　　　　　　　图 6-28

（7）选择"图层 > 新建 > 调整图层"命令，在"时间轴"面板中新增一个调整图层，如图 6-29 所示。

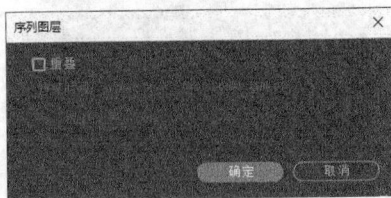

图 6-29

2．制作图像闪白效果

（1）选中"调整图层 1"图层，选择"效果 > 模糊和锐化 > 快速方框模糊"命令，在"效果控件"面板中设置参数，如图 6-30 所示。"合成"面板中的效果如图 6-31 所示。

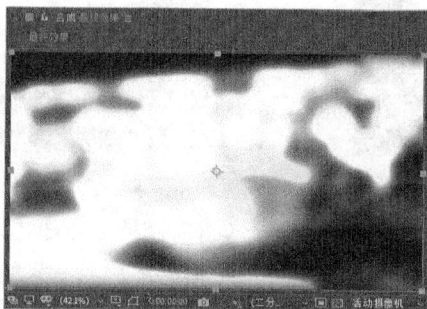

图 6-30   图 6-31

（2）选择"效果 > 颜色校正 > 色阶"命令，在"效果控件"面板中设置参数，如图 6-32 所示。"合成"面板中的效果如图 6-33 所示。

（3）将时间标签放置在 0:00:00:00 的位置，在"效果控件"面板中，分别单击"快速方框模糊"属性组"模糊半径"属性和"色阶"属性组中的"直方图"属性左侧的"关键帧自动记录器"按钮 ，记录第 1 个关键帧，如图 6-34 所示。

图 6-32   图 6-33   图 6-34

（4）将时间标签放置在 0:00:00:06 的位置，在"效果控件"面板中设置"模糊半径"属性为 0.0、"输入白色"属性为 255.0，如图 6-35 所示，记录第 2 个关键帧。"合成"面板中的效果如图 6-36 所示。

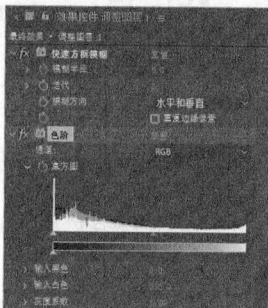 

图 6-35   图 6-36

（5）将时间标签放置在 0:00:02:04 的位置，按 U 键显示所有关键帧，如图 6-37 所示。单击"时间轴"面板中"模糊半径"属性和"直方图"属性左侧的"在当前时间添加或移除关键帧"按钮 ◆，如图 6-38 所示，记录第 3 个关键帧。

图 6-37

图 6-38

（6）将时间标签放置在 0:00:02:14 的位置，在"效果控件"面板中设置"模糊半径"属性为 7.0、"输入白色"属性为 94.0，如图 6-39 所示，记录第 4 个关键帧。"合成"面板中的效果如图 6-40 所示。

图 6-39

图 6-40

（7）将时间标签放置在 0:00:03:08 的位置，在"效果控件"面板中设置"模糊半径"属性为 20.0、"输入白色"属性为 58.0，如图 6-41 所示，记录第 5 个关键帧。"合成"面板中的效果如图 6-42 所示。

（8）将时间标签放置在 0:00:03:18 的位置，在"效果控件"面板中，设置"模糊半径"属性为 0.0、"输入白色"属性为 255.0，如图 6-43 所示，记录第 6 个关键帧。"合成"面板中的效果如图 6-44 所示。

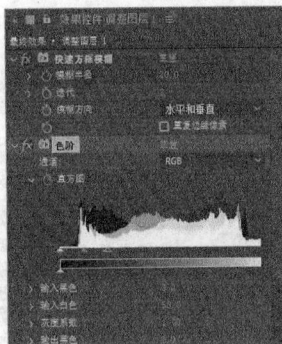

图 6-41

图 6-42

图 6-43

图 6-44

（9）至此，完成了第一段素材与第二段素材之间闪白动画的制作。用同样的方法制作其他素材的闪白动画，如图 6-45 所示。

图 6-45

3. 编辑文字

（1）在"项目"面板中选中"06.jpg"文件并将其拖曳到"时间轴"面板中，图层的排列顺序如图 6-46 所示。将时间标签放置在 0:00:15:23 的位置，按 Alt+ [组合键，设置动画的入点，"时间轴"面板如图 6-47 所示。

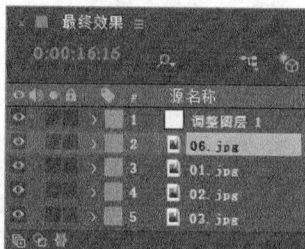

图 6-46

图 6-47

（2）选中"调整图层 1"图层，将时间标签放置在 0:00:20:00 的位置。选择"横排文字工具" T，在"合成"面板中输入文字"爱上中餐厅"。选中文字，在"字符"面板中设置"填充颜色"为青绿色（其 R、G、B 值分别为 76、244、255），在"段落"面板中设置文字的对齐方式为居中，其他设置如图 6-48 所示。

（3）选中文本图层，按 P 键显示"位置"属性，设置"位置"属性为（650.0,353.0）。"合成"面板中的效果如图 6-49 所示。

图 6-48　　　　　　　　　　　　　　　　　图 6-49

（4）选中文本图层，把该图层拖曳到调整图层的下面，选择"效果 > 透视 > 投影"命令，在"效果控件"面板中设置参数，如图 6-50 所示。"合成"面板中的效果如图 6-51 所示。

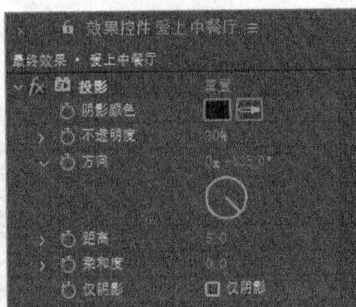

图 6-50

图 6-51

（5）将时间标签放置在 0:00:16:20 的位置，选择"窗口 > 效果和预设"命令，打开"效果和预设"面板，展开"动画预设"属性组，双击"Text > Animate In"下的"解码淡入"，文本图层会自动添加动画效果。"合成"面板中的效果如图 6-52 所示。

（6）将时间标签放置在 0:00:18:08 的位置，选中文本图层，按 U 键显示所有关键帧，在按住 Shift 键的同时，拖曳第 2 个关键帧到时间标签所在的位置，如图 6-53 所示。

图 6-52　　　　　　　　　　　　　　　　　图 6-53

（7）在"项目"面板中选中"07.jpg"文件并将其拖曳到"时间轴"面板中，设置图层的混合模式为"屏幕"，图层的排列顺序如图 6-54 所示。将时间标签放置在 0:00:18:13 的位置，选中"07.jpg"图层，按 Alt+ [组合键，设置动画的入点，"时间轴"面板如图 6-55 所示。

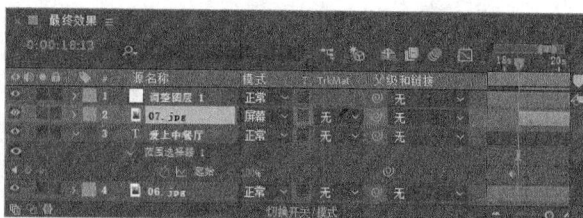

图 6-54　　　　　　　　　　　　　　　　图 6-55

（8）选中"07.jpg"图层，按 P 键显示"位置"属性，设置"位置"属性为（1122.0，380.0），单击"位置"属性左侧的"关键帧自动记录器"按钮，如图 6-56 所示，记录第 1 个关键帧。将时间标签放置在 0:00:20:00 的位置，设置"位置"属性为（-208.0，380.0），记录第 2 个关键帧，如图 6-57 所示。

图 6-56　　　　　　　　　　　　　　　　图 6-57

（9）选中"07.jpg"图层，按 Ctrl+D 组合键复制图层，按 U 键显示所有关键帧，将时间标签放置在 0:00:18:13 的位置，设置"位置"属性为（159.0，380.0），如图 6-58 所示。将时间标签放置在 0:00:20:00 的位置，设置"位置"属性为（1606.0，380.0），如图 6-59 所示。

图 6-58　　　　　　　　　　　　　　　　图 6-59

（10）闪白效果制作完成，如图 6-60 所示。

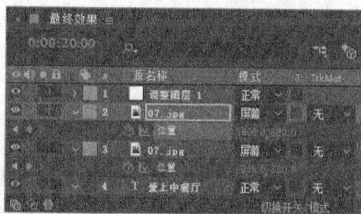

图 6-60

6.2.2　高斯模糊

"高斯模糊"效果用于模糊和柔化图像，可以去除图像中的杂点。"高斯模糊"能产生细腻的模糊效果，尤其在单独使用的时候。"高斯模糊"效果的相关属性如图 6-61 所示。

图 6-61

模糊度：调整图像的模糊程度。

模糊方向：设置模糊的方式，提供了水平和垂直、水平、垂直 3 种模糊方式。

"高斯模糊"效果的应用如图 6-62～图 6-64 所示。

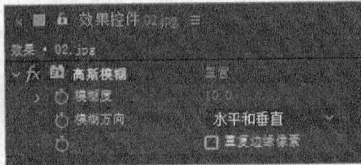

图 6-62　　　　　　　　图 6-63　　　　　　　　图 6-64

6.2.3　定向模糊

定向模糊也称为方向模糊。这是一种十分具有动感的模糊效果，可以在任何方向产生模糊效果。当图层为草稿质量时，应用图像边缘的平均值；当图层为最高质量时，应用高斯模式的模糊，产生平滑、渐变的模糊效果。"定向模糊"效果的相关属性如图 6-65 所示。

图 6-65

方向：调整模糊的方向。

模糊长度：调整滤镜的模糊程度，数值越大，模糊的程度就越大。

"定向模糊"效果的应用如图 6-66～图 6-68 所示。

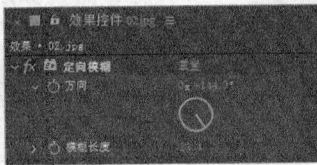

图 6-66　　　　　　　　图 6-67　　　　　　　　图 6-68

6.2.4　径向模糊

使用"径向模糊"效果可以在图层中围绕特定点为图像添加缩放或旋转模糊的效果，"径向模糊"效果的相关属性如图 6-69 所示。

数量：控制图像的模糊程度。模糊程度的大小取决于模糊数量。在"旋转"类型下，模糊数量表示旋转模糊程度；在"缩放"类型下，模糊数量表示缩放模糊程度。

中心：调整模糊中心点的位置。可以单击⬚按钮，在视频窗口中指定中心点的位置。

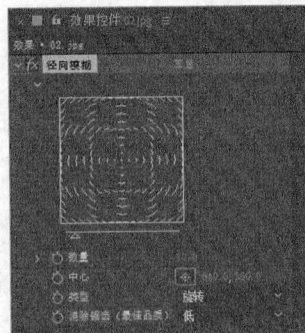

图 6-69

类型：设置模糊类型，其中提供了旋转和缩放两种模糊类型。

消除锯齿（最佳品质）：该功能只在图像为最高品质时起作用。

"径向模糊"效果的应用如图 6-70～图 6-72 所示。

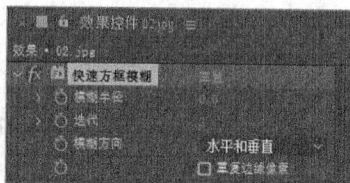

图 6-70　　　　　　　　图 6-71　　　　　　　　图 6-72

6.2.5　快速方框模糊

"快速方框模糊"效果用于设置图像的模糊程度，它和"高斯模糊"效果十分类似，但它在大面积应用时实现速度更快，效果更明显。"快速方框模糊"效果的相关属性如图 6-73 所示。

模糊半径：设置模糊程度。

迭代：设置模糊效果连续应用到图像中的次数。

模糊方向：设置模糊方向，有水平、垂直、水平和垂直 3 种方式。

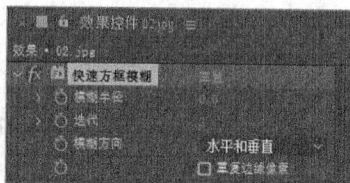

图 6-73

重复边缘像素：勾选此复选框，可让图像边缘保持清晰。

"快速模糊"效果的应用如图 6-74～图 6-76 所示。

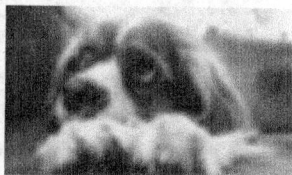

图 6-74　　　　　　　　图 6-75　　　　　　　　图 6-76

6.2.6　锐化

"锐化"效果用于锐化图像，在图像颜色发生变化的地方提高图像的对比度。"锐化"效果的相关属性如图 6-77 所示。

锐化量：设置锐化的程度。

"锐化"效果的应用如图 6-78～图 6-80 所示。

图 6-77

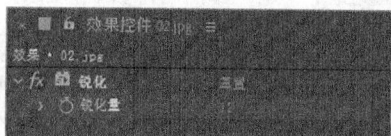

图 6-78　　　　　　　　图 6-79　　　　　　　　图 6-80

6.3　颜色校正

在制作视频的过程中，画面颜色的处理是一个很重要的步骤，有时会直接影响效果的好坏。"颜色校正"效果组中的众多效果可以用来修正颜色表现不好的画面，也可以调节颜色正常的画面，使其更加精彩。

6.3.1　课堂案例——水墨画效果

案例学习目标

使用"色相位/饱和度"和"曲线"效果制作水墨画效果。

案例知识要点

使用"查找边缘"命令、"色相位/饱和度"命令、"曲线"命令、"高斯模糊"命令制作水墨画效果。水墨画效果如图 6-81 所示。

图 6-81

扫码观看
本案例视频

扫码查看
扩展案例

效果所在位置

云盘\Ch06\水墨画效果\水墨画效果．aep。

1. 导入并编辑素材

（1）按 Ctrl+N 组合键，弹出"合成设置"对话框，在"合成名称"文本框中输入"最终效果"，其他设置如图 6-82 所示，单击"确定"按钮，创建一个新的合成。

（2）选择"文件 > 导入 > 文件"命令，在弹出的"导入文件"对话框中选择云盘中的"Ch06\水墨画效果\(Footage)\ 01.jpg、02.png"文件，单击"导入"按钮，将图片导入"项目"面板中，如图 6-83 所示。

（3）在"项目"面板中选中"01.jpg"文件并将其拖曳到"时间轴"面板中，如图 6-84 所示。按 Ctrl+D 组合键复制图层，单击复制得到的图层左侧的 ◉ 按钮，隐藏该图层，如图 6-85 所示。

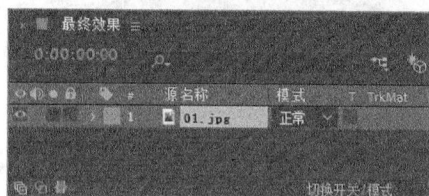

图 6-82

图 6-83

图 6-84

图 6-85

（4）选中第 2 个图层，选择"效果 > 风格化 > 查找边缘"命令，在"效果控件"面板中设置
参数，如图 6-86 所示。"合成"面板中的效果如图 6-87 所示。

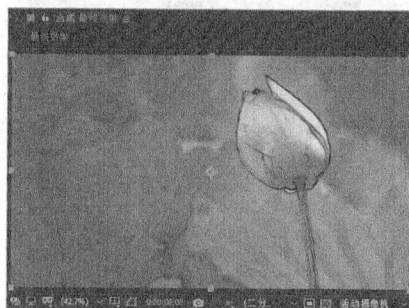

图 6-86

图 6-87

（5）选择"效果> 颜色校正 > 色相/饱和度"命令，在"效果控件"面板中设置参数，如图 6-88
所示。"合成"面板中的效果如图 6-89 所示。

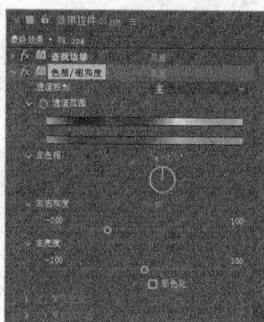

图 6-88

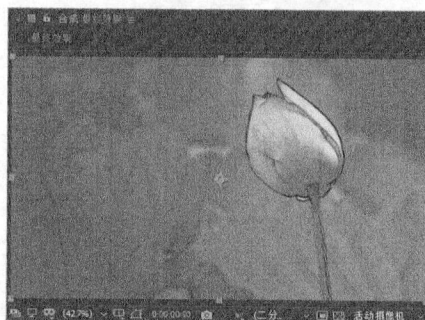

图 6-89

（6）选择"效果 > 颜色校正 > 曲线"命令，在"效果控件"面板中调整曲线，如图 6-90 所示。"合成"面板中的效果如图 6-91 所示。

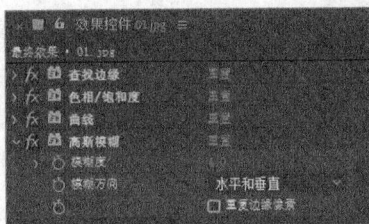

图 6-90

图 6-91

（7）选择"效果 > 模糊和锐化 > 高斯模糊"命令，在"效果控件"面板中设置参数，如图 6-92 所示。"合成"面板中的效果如图 6-93 所示。

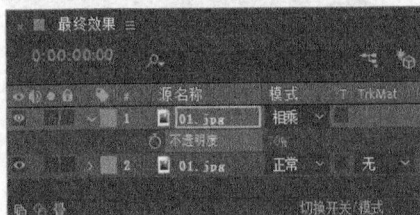

图 6-92

图 6-93

2. 制作水墨画效果

（1）在"时间轴"面板中单击第 1 个图层左侧的■按钮，显示该图层。按 T 键显示"不透明度"属性，设置"不透明度"属性为 70%、图层的混合模式为"相乘"，如图 6-94 所示。"合成"面板中的效果如图 6-95 所示。

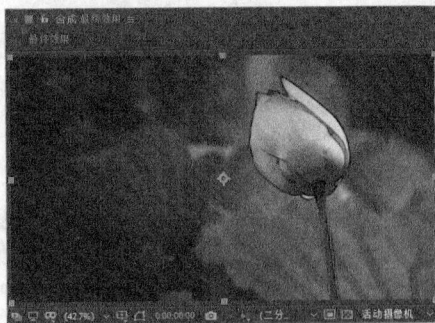

图 6-94

图 6-95

（2）选择"效果 > 风格化 > 查找边缘"命令，在"效果控件"面板中设置参数，如图 6-96 所示。"合成"面板中的效果如图 6-97 所示。

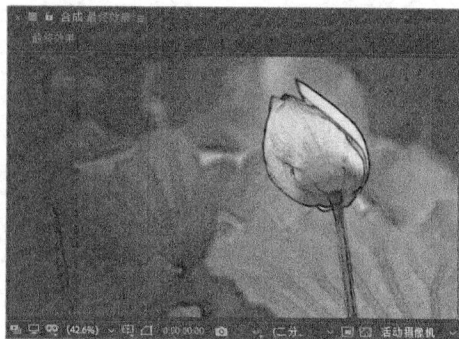

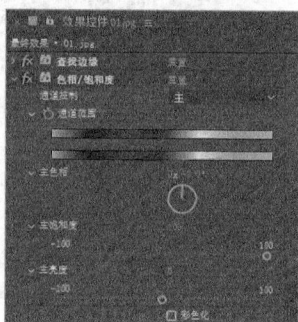
图 6-96

图 6-97

（3）选择"效果 > 颜色校正 > 色相/饱和度"命令，在"效果控件"面板中设置参数，如图 6-98 所示。"合成"面板中的效果如图 6-99 所示。

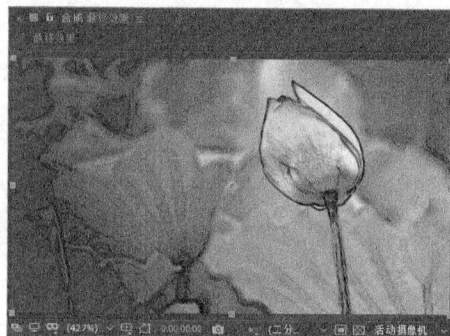

图 6-98

图 6-99

（4）选择"效果 > 颜色校正 > 曲线"命令，在"效果控件"面板中调整曲线，如图 6-100 所示。"合成"面板中的效果如图 6-101 所示。

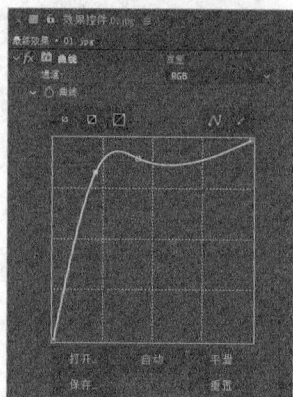

图 6-100

图 6-101

（5）选择"效果 > 模糊和锐化 > 快速方框模糊"命令，在"效果控件"面板中设置参数，如

图 6-102 所示。"合成"面板中的效果如图 6-103 所示。

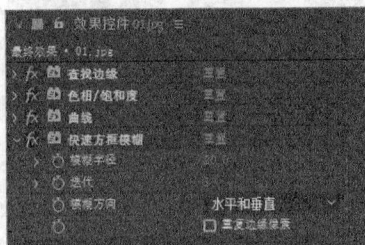

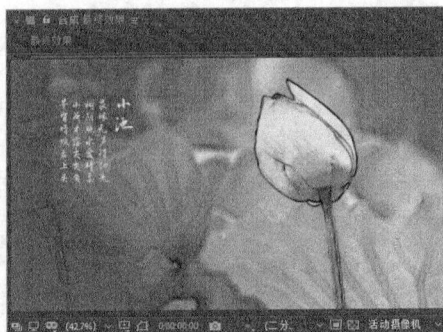

图 6-102　　　　　　　　　　　　　图 6-103

（6）在"项目"面板中，选中"02.png"文件并将其拖曳到"时间轴"面板中。按 P 键显示"位置"属性，设置"位置"属性为（391.0，280.0），如图 6-104 所示。水墨画效果制作完成，如图 6-105 所示。

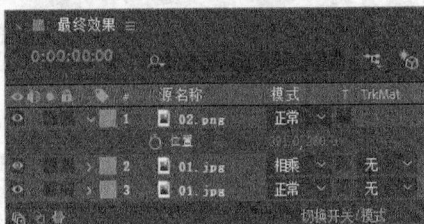

图 6-104　　　　　　　　　　　　　图 6-105

6.3.2　亮度和对比度

"亮度和对比度"效果用于调整画面的亮度和对比度，可以同时调整所有像素的亮部、暗部和中间色，操作简单有效，但不能调节单一通道，如图 6-106 所示。

亮度：用于调整亮度，正值增加亮度，负值降低亮度。

对比度：用于调整对比度，正值增加对比度，负值降低亮度。

"亮度和对比度"效果的应用如图 6-107～图 6-109 所示。

图 6-106

图 6-107　　　　　　图 6-108　　　　　　图 6-109

6.3.3 曲线

After Effects 中的曲线与 Photoshop 中的曲线类似，可对图像
的各个通道进行控制，调节图像的色调范围。可以用 0～255 的灰阶调
节颜色。用色阶也可以完成同样的工作，但是曲线的控制能力更强。
"曲线"效果是 After Effects 中非常重要的一个效果，如图 6-110
所示。

在曲线中，可以调整图像的阴影部分、中间色调区域和高亮区域。

通道：用于选择需要调节的通道，可以同时调节图像的 RGB 通道，
也可以分别调节红通道、绿通道、蓝通道和 Alpha 通道。

曲线：用来调整校正值，即输入（原始亮度）和输出的对比度。

曲线工具 ：选择该工具后单击曲线，可以在曲线上增加控制点；
如果要删除控制点，可在曲线上选中要删除的控制点，将其拖曳至坐
标区域外；拖曳控制点，可编辑曲线。

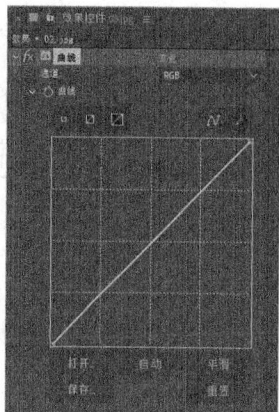

图 6-110

铅笔工具 ：选择该工具，可以在坐标区域中绘制一条曲线。

"平滑"按钮：单击此按钮，可以平滑曲线。

"自动"按钮：单击此按钮，可以自动调整图像的对比度。

"打开"按钮：单击此按钮，可以打开存储的曲线调节文件。

"保存"按钮：单击此按钮，可以将调节完成的曲线存储为一个 .amp 或 .acv 文件，以供再次使用。

6.3.4 色相/饱和度

"色相/饱和度"效果用于调整图像的色相、饱和度和亮度。
其应用的效果和"色彩平衡"效果一样，但颜色相应调整基于
色轮。"色相/饱和度"效果的相关属性如图 6-111 所示。

通道控制：选择应用效果的颜色通道，选择"主"选项时，
为所有颜色应用效果，如果分别选择红通道、黄通道、绿通道、
青通道、蓝通道和品红通道，则对所选颜色应用效果。

通道范围：显示颜色映射的谱线，用于控制通道范围。上
面的色条表示调节前的颜色，下面的色条表示如何在全饱和状
态下影响所有色相。调节单独的通道时，下面的色条会显示控
制滑块。拖曳竖条可调节颜色范围，拖曳三角形可调整羽化量。

主色相：控制所调节的颜色通道的色调，可利用颜色控制
轮盘（代表色轮）改变总的色调。

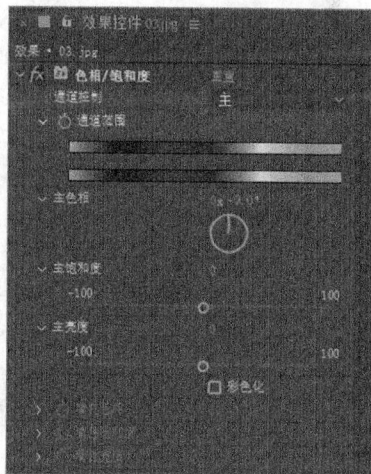

图 6-111

主饱和度：用于调整主饱和度；拖曳滑块控制所调节的颜
色通道的饱和度。

主亮度：用于调整主亮度；滑块控制所调节的颜色通道的亮度。

彩色化：勾选此复选框，可以将灰阶图转换为带有色调的双色图。

着色色相：通过颜色控制轮盘控制彩色化图像后的色调。

着色饱和度：拖曳滑块，控制彩色化图像后的饱和度。

着色亮度：拖曳滑块，控制彩色化图像后的亮度。

> **提示**
>
> "色相/饱和度"效果是 After Effects 中非常重要的一个效果，在更改对象色相属性时很方便。在调节颜色的过程中，可以使用色轮来预测图像中相应颜色区域的更改效果，并了解这些更改如何在 RGB 颜色模式间转换。

"色相/饱和度"效果的应用如图 6-112～图 6-114 所示。

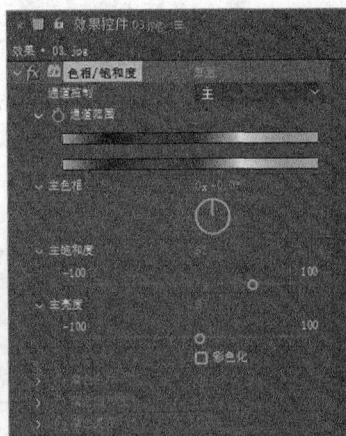

图 6-112　　　　　　　　　　　图 6-113　　　　　　　　　　　图 6-114

6.3.5　课堂案例——修复逆光的照片

案例学习目标

使用"色阶"命令调整图片。

案例知识要点

使用"导入"命令导入素材，使用"色阶"命令调整图像的亮度。修复逆光的照片效果如图 6-115 所示。

图 6-115

扫码观看
本案例视频

扫码查看
扩展案例

效果所在位置

云盘\Ch06\修复逆光的照片\修复逆光的照片 .aep。

（1）按 Ctrl+N 组合键，弹出"合成设置"对话框，在"合成名称"文本框中输入"最终效果"，其他设置如图 6-116 所示，单击"确定"按钮，创建一个新的合成。

（2）选择"文件 > 导入 > 文件"命令，在弹出的"导入文件"对话框中选择云盘中的"Ch06 \ 修复逆光的照片\(Footage)\ 01.jpg"文件，单击"导入"按钮，将图片导入"项目"面板中，并将其拖曳到"时间轴"面板中。"合成"面板中的效果如图 6-117 所示。

图 6-116

图 6-117

（3）选中"01.jpg"图层，选择"效果 > 颜色校正 > 色阶"命令，在"效果控件"面板中设置参数，如图 6-118 所示。逆光的照片修复完成，效果如图 6-119 所示。

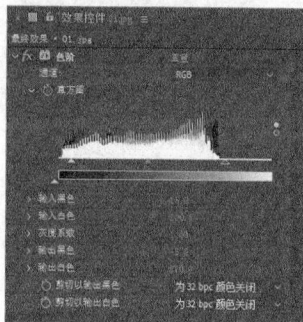

图 6-118

图 6-119

6.3.6 颜色平衡

"颜色平衡"效果用于调整图像的色彩平衡。可以分别调节图像的红通道、绿通道、蓝通道，可以调节颜色暗部、中间色调区域和高亮区域的强度，如图 6-120 所示。

阴影红色/绿色/蓝色平衡：用于调整 RGB 颜色的阴影范围平衡。

中间调红色/绿色/蓝色平衡：用于调整 RGB 颜色的中间亮度范围平衡。

高光红色/绿色/蓝色平衡：用于调整 RGB 颜色的高光范围平衡。

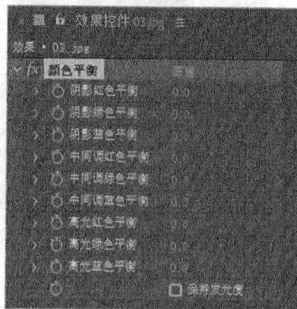

图 6-120

保持发光度：勾选该复选框可以通过保持图像的平均亮度来保持图像的整体平衡。

"颜色平衡"效果的应用如图 6-121～图 6-123 所示。

图 6-121　　　　　　　　图 6-122　　　　　　　　图 6-123

6.3.7　色阶

"色阶"效果是常用的效果，用于将输入的颜色范围重新映射到输出的颜色范围中，还可以改变 Gamma 校正曲线。"色阶"效果主要用于调整影像的质量，相关属性如图 6-124 所示。

通道：用于选择需要调节的通道；可以选择 RGB 彩色通道、Red 红色通道、Green 绿色通道、Blue 蓝色通道和 Alpha 透明通道分别进行调节。

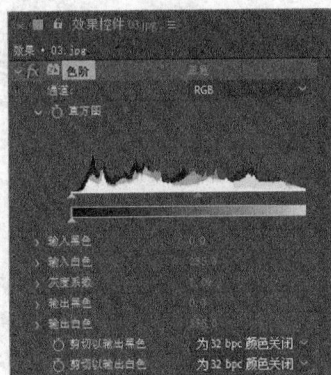

直方图：可以通过该图了解像素在图像中的分布情况；水平方向表示亮度值，垂直方向表示该亮度值的像素数值；像素值不会比输入黑色值低，也不会比输入白色值高。

输入黑色：用于限定输入图像黑色值的阈值。

输入白色：用于限定输入图像白色值的阈值。

灰度系数：用于设置确定输出图像明亮度分布的功率曲线的指数。

输出黑色：用于限定输出图像黑色值的阈值，黑色输出在图下方灰阶条中。

图 6-124

输出白色：用于限定输出图像白色值的阈值，白色输出在图下方灰阶条中。

剪切以输出黑色和剪切以输出白色：用于确定明亮度值小于"输入黑色"值或大于"输入白色"值的像素的效果。

"色阶"效果的应用如图 6-125～图 6-127 所示。

 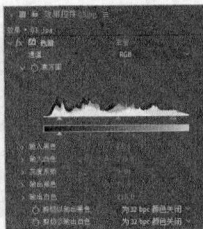 

图 6-125　　　　　　　　图 6-126　　　　　　　　图 6-127

6.4　生成

"生成"效果组包含很多效果，使用这些效果可以创造一些原画面中没有的效果。

6.4.1　课堂案例——动感模糊文字

案例学习目标

使用"镜头光晕"效果制作动感模糊文字。

案例知识要点

使用"卡片擦除"命令制作动感文字，使用"定向模糊"命令、"色阶"命令、"Shine"命令制作文字发光效果并改变发光颜色，使用"镜头光晕"命令添加镜头光晕效果。动感模糊文字效果如图 6-128 所示。

扫码观看
本案例视频

扫码查看
扩展案例

图 6-128

效果所在位置

云盘\Ch06\动感模糊文字\动感模糊文字.aep。

1. 输入文字

（1）按 Ctrl+N 组合键，弹出"合成设置"对话框，在"合成名称"文本框中输入"最终效果"，其他设置如图 6-129 所示，单击"确定"按钮，创建一个新的合成。

（2）选择"文件 > 导入 > 文件"命令，在弹出的"导入文件"对话框中选择云盘中的"Ch06 \ 动感模糊文字\(Footage)\ 01.mp4"文件，单击"导入"按钮，将视频导入"项目"面板中，如图 6-130 所示，并将其拖曳到"时间轴"面板中。

图 6-129

图 6-130

（3）选择"横排文字工具" ，在"合成"面板中输入文字"途云乐乐旅游"。选中文字，在"字符"面板中设置"填充颜色"为蓝色（其 R、G、B 值分别为 182、193、0），其他设置如图 6-131 所示。按 P 键显示"位置"属性，设置"位置"属性为（639.0, 355.6）。"合成"面板中的效果如图 6-132 所示。

图 6-131　　　　　　　　　　　　　　　　　　图 6-132

2. 添加文字效果

（1）选中文本图层，选择"效果> 过渡 > 卡片擦除"命令，在"效果控件"面板中设置参数，如图 6-133 所示。"合成"面板中的效果如图 6-134 所示。

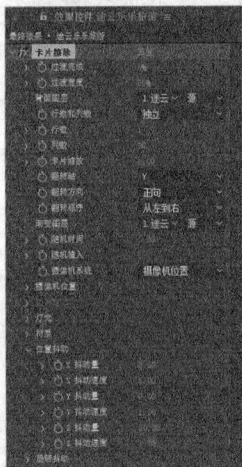

图 6-133

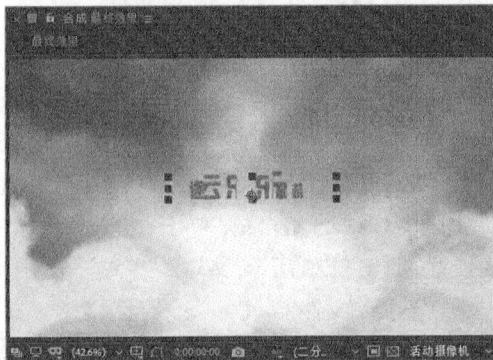

图 6-134

（2）将时间标签放置在 0:00:00:00 的位置。在"效果控件"面板中单击"过渡完成"属性左侧的"关键帧自动记录器"按钮 ，如图 6-135 所示，记录第 1 个关键帧。

（3）将时间标签放置在 0:00:02:00 的位置，在"效果控件"面板中设置"过渡完成"属性为 100%，如图 6-136 所示，记录第 2 个关键帧。"合成"面板中的效果如图 6-137 所示。

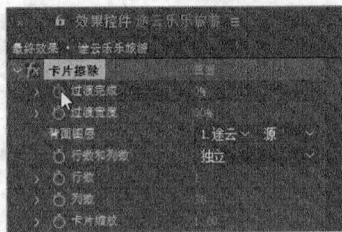

图 6-135

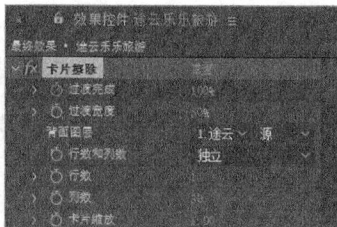

图 6-136

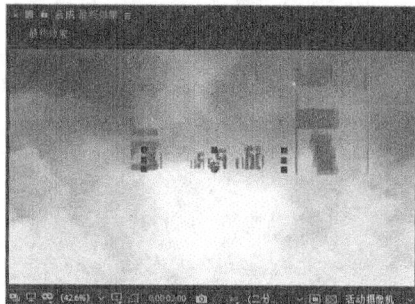

图 6-137

（4）将时间标签放置在 0:00:00:00 的位置，在"效果控件"面板中展开"摄像机位置"属性组，设置"Y 轴旋转"属性为（100x+0.0°）、"Z 位置"属性为 1。分别单击"摄像机位置"属性组中的"Y 轴旋转"和"Z 位置"，以及"位置抖动"属性组中的"X 抖动量"和"Z 抖动量"属性左侧的"关键帧自动记录器"按钮🔳，如图 6-138 所示。

（5）将时间标签放置在 0:00:02:00 的位置，设置"Y 轴旋转"属性为（0x+0.0°）、"Z 位置"属性为 2、"X 抖动量"属性为 0、"Z 抖动量"属性为 0，如图 6-139 所示。"合成"面板中的效果如图 6-140 所示。

图 6-138   图 6-139

图 6-140

3. 添加文字动感效果

（1）选中文本图层，按 Ctrl+D 组合键复制图层，如图 6-141 所示。在"时间轴"面板中，设置复制得到的图层的混合模式为"相加"，如图 6-142 所示。

图 6-141   图 6-142

（2）选中"途云乐乐旅游 2"图层，选择"效果 > 模糊和锐化 > 定向模糊"命令，在"效果控件"面板中设置参数，如图 6-143 所示。"合成"面板中的效果如图 6-144 所示。

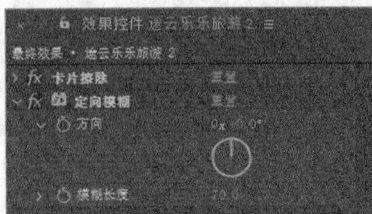

图 6-143　　　　　　　　　　　　　　　　　　图 6-144

（3）将时间标签放置在 0:00:00:00 的位置，在"效果控件"面板中单击"模糊长度"属性左侧的"关键帧自动记录器"按钮，记录第 1 个关键帧。将时间标签放置在 0:00:01:00 的位置，在"效果控件"面板中设置"模糊长度"属性为 100.0，如图 6-145 所示，记录第 2 个关键帧。"合成"面板中的效果如图 6-146 所示。

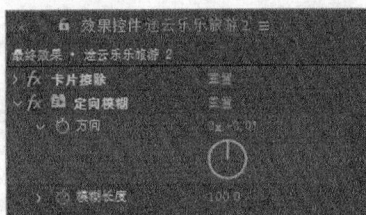

图 6-145　　　　　　　　　　　　　　　　　　图 6-146

（4）将时间标签放置在 0:00:02:00 的位置，按 U 键显示"途云乐乐旅游 2"图层中的所有关键帧，单击"模糊长度"属性左侧的"在当前时间添加或移除关键帧"按钮，记录第 3 个关键帧，如图 6-147 所示。

（5）将时间标签放置在 0:00:02:05 的位置，在"时间轴"面板中设置"模糊长度"属性为150.0，如图 6-148 所示，记录第 4 个关键帧。

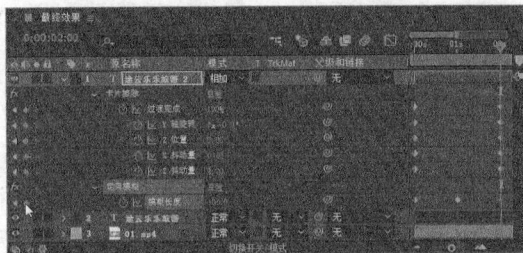

图 6-147　　　　　　　　　　　　　　　　　　图 6-148

（6）选择"效果 > 颜色校正 > 色阶"命令，在"效果控件"面板中设置参数，如图 6-149 所示。选择"效果 > Trapcode > Shine"命令，在"效果控件"面板中设置参数，如图 6-150 所示。"合成"面板中的效果如图 6-151 所示。

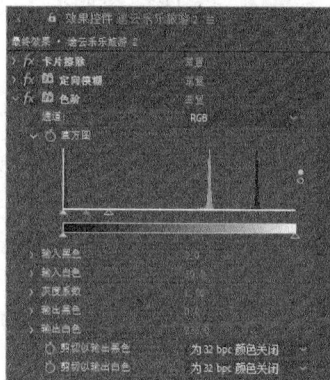  

图 6-149　　　　　　　图 6-150　　　　　　　图 6-151

（7）在当前合成中建立一个新的黑色纯色图层"遮罩"。按 P 键显示"位置"属性，将时间标签放置在 0:00:02:00 的位置，设置"位置"属性为（640.0,360.0），单击"位置"属性左侧的"关键帧自动记录器"按钮，如图 6-152 所示，记录第 1 个关键帧。将时间标签放置在 0:00:03:00 的位置，设置"位置"属性为（1560.0,360.0），如图 6-153 所示，记录第 2 个关键帧。

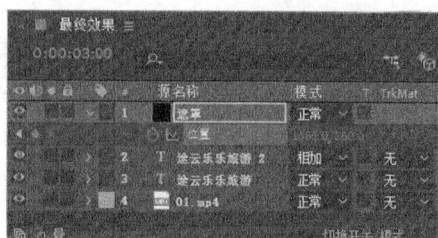

图 6-152　　　　　　　　　　　　图 6-153

（8）选中"途云乐乐旅游 2"图层，将该图层的"T 轨道蒙版"设置为"Alpha 遮罩'遮罩'"，如图 6-154 所示。"合成"面板中的效果如图 6-155 所示。

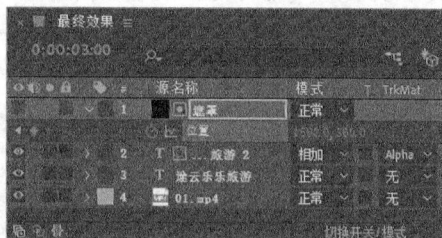

图 6-154　　　　　　　　　　　　图 6-155

4. 添加镜头光晕

（1）将时间标签放置在 0:00:02:00 的位置，在当前合成中建立一个新的黑色纯色图层"光晕"，如图 6-156 所示。在"时间轴"面板中设置"光晕"图层的混合模式为"相加"，如图 6-157 所示。

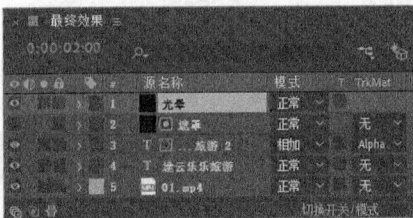

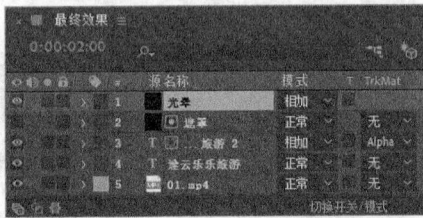

图 6-156   图 6-157

（2）选中"光晕"图层，选择"效果 > 生成 > 镜头光晕"命令，在"效果控件"面板中设置参数，如图 6-158 所示。"合成"面板中的效果如图 6-159 所示。

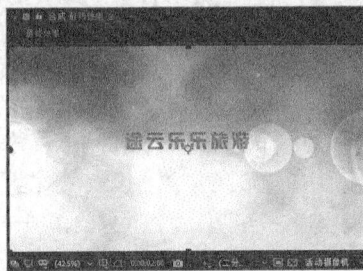

图 6-158   图 6-159

（3）在"效果控件"面板中单击"光晕中心"属性左侧的"关键帧自动记录器"按钮，如图 6-160 所示，记录第 1 个关键帧。将时间标签放置在 0:00:03:00 的位置，在"效果控件"面板中，设置"光晕中心"属性为（1280.0,360.0），如图 6-161 所示，记录第 2 个关键帧。

图 6-160   图 6-161

（4）选中"光晕"图层，将时间标签放置在 0:00:02:00 的位置，按 Alt+ [组合键设置入点，如图 6-162 所示。将时间标签放置在 0:00:03:00 的位置，按 Alt+] 组合键设置出点，如图 6-163 所示。动感模糊文字效果制作完成。

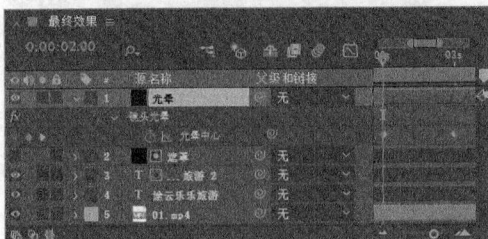

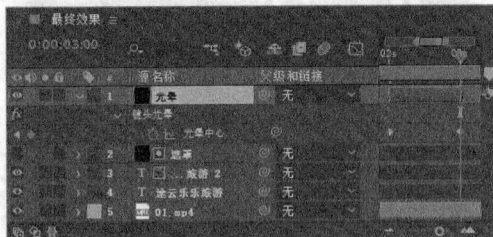

图 6-162   图 6-163

6.4.2　高级闪电

"高级闪电"效果可以用来模拟真实的闪电和放电效果，并自动
设置动画，其相关属性如图 6-164 所示。

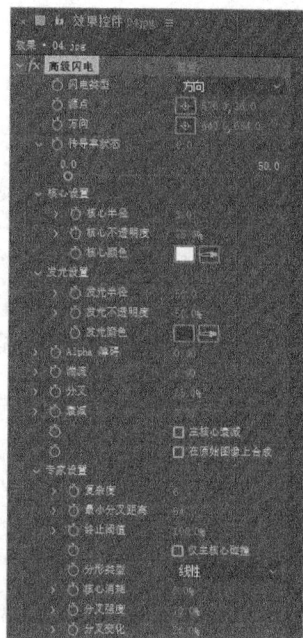

图 6-164

闪电类型：设置闪电的种类。

源点：闪电的起始位置。

方向：闪电的结束位置。

传导率状态：设置闪电主干的变化。

核心半径：设置闪电主干的宽度。

核心不透明度：设置闪电主干的不透明度。

核心颜色：设置闪电主干的颜色。

发光半径：设置闪电光晕的大小。

发光不透明度：设置闪电光晕的不透明度。

发光颜色：设置闪电光晕的颜色。

Alpha 障碍：设置闪电障碍的大小。

湍流：设置闪电的流动变化。

分叉：设置闪电的分叉数量。

衰减：设置闪电的衰减数量。

主核心衰减：设置闪电的主核心衰减量。

在原始图像上合成：勾选此复选框，可以直接针对图片设置闪电。

复杂度：设置闪电的复杂程度。

最小分叉距离：分叉之间的距离，值越大，分叉越少。

终止阈值：为低值时闪电更容易终止。

仅主核心碰撞：勾选此复选框，只有主核心会受到 Alpha 障碍的影响，从主核心衍生出的分叉
不会受到影响。

分形类型：设置闪电主干的线条样式。

核心消耗：设置闪电主干的渐隐结束。

分叉强度：设置闪电分叉的强度。

分叉变化：设置闪电分叉的变化。

"高级闪电"效果的应用如图 6-165～图 6-167 所示。

图 6-165

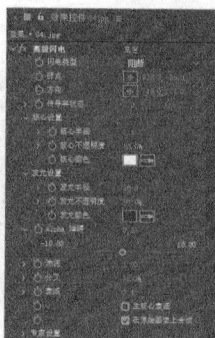

图 6-166

图 6-167

6.4.3　镜头光晕

"镜头光晕"效果可以模拟用镜头拍摄发光的物体时，光线经过多个镜头产生的很多光环效果，这是后期制作中常用于提升画面质量的效果。该效果的相关属性如图 6-168 所示。

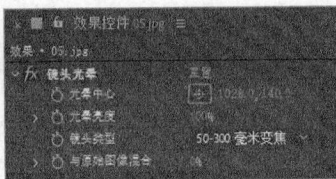

图 6-168

光晕中心：设置发光点的中心位置。

光晕亮度：设置光晕的亮度。

镜头类型：选择镜头的类型，有 50～300 毫米变焦、35 毫米定焦和 105 毫米定焦。

与原始图像混合：用于设置当前图层和原素材图像的混合程度。

"镜头光晕"效果的应用如图 6-169～图 6-171 所示。

图 6-169　　　　　　　　　图 6-170　　　　　　　　图 6-171

6.4.4　课堂案例——透视光芒

案例学习目标

使用"单元格图案"效果制作透视光芒。

案例知识要点

使用"单元格图案"命令、"亮度和对比度"命令、"快速方框模糊"命令、"发光"命令制作光芒形状，使用"3D 图层"按钮📦编辑透视效果。透视光芒效果如图 6-172 所示。

图 6-172

扫码观看
本案例视频

扫码查看
扩展案例

效果所在位置

云盘\Ch06\透视光芒\透视光芒.aep。

1. 编辑单元格形状

（1）按 Ctrl+N 组合键，弹出"合成设置"对话框，在"合成名称"文本框中输入"最终效果"，其他设置如图 6-173 所示，单击"确定"按钮，创建一个新的合成。

（2）选择"文件 > 导入 > 文件"命令，在弹出的"导入文件"对话框中选择云盘中的"Ch06\
透视光芒\(Footage)\01.jpg"文件，单击"导入"按钮，导入图片。在"项目"面板中选中"01.jpg"
文件并将其拖曳到"时间轴"面板中，如图 6-174 所示。

（3）选择"图层 > 新建 > 纯色"命令，弹出"纯色设置"对话框，在"名称"文本框中输入
"光芒"，将"颜色"设置为黑色，单击"确定"按钮，"时间轴"面板中新增一个黑色纯色图层，
如图 6-175 所示。

图 6-173

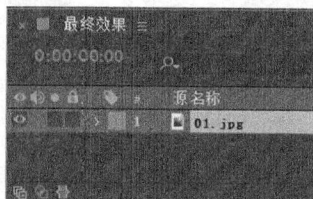

图 6-174　　　　　　　　　　　图 6-175

（4）选中"光芒"图层，选择"效果 > 生成 > 单元格图案"命令，在"效果控件"面板中设
置参数，如图 6-176 所示。"合成"面板中的效果如图 6-177 所示。

图 6-176　　　　　　　　　　　图 6-177

（5）在"效果控件"面板中单击"演化"属性左侧的"关键帧自动记录器"按钮，如图 6-178
所示，记录第 1 个关键帧。将时间标签放置在 0:00:09:24 的位置，在"效果控件"面板中设置"演
化"属性为（7x+0.0°），如图 6-179 所示，记录第 2 个关键帧。

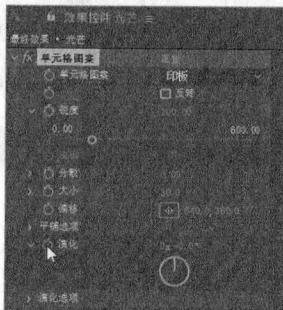

图 6-178

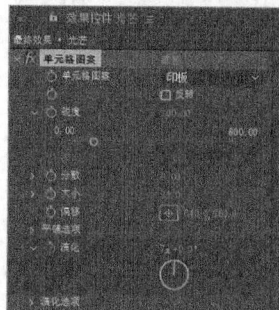

图 6-179

（6）选择"效果 > 颜色校正 > 亮度和对比度"命令，在"效果控件"面板中设置参数，如图 6-180 所示。"合成"面板中的效果如图 6-181 所示。

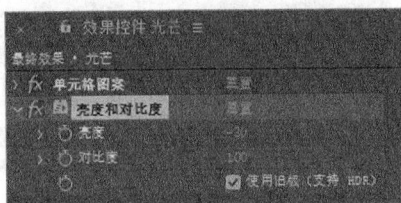

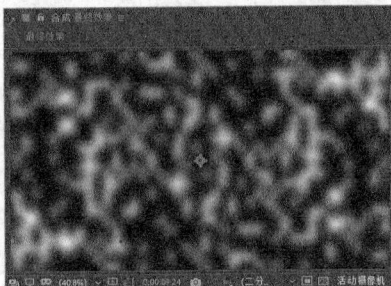

图 6-180　　　　　　　　　　　　　　　　　图 6-181

（7）选择"效果 > 模糊和锐化 > 快速方框模糊"命令，在"效果控件"面板中设置参数，如图 6-182 所示。"合成"面板中的效果如图 6-183 所示。

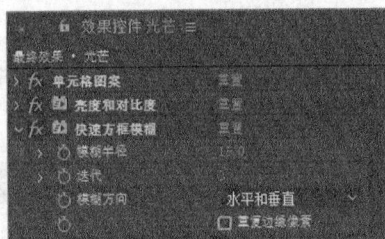

图 6-182　　　　　　　　　　　　　　　　　图 6-183

（8）选择"效果 > 风格化 > 发光"命令，在"效果控件"面板中，设置"颜色 A"为黄色（其 R、G、B 值分别为 255、228、0），设置"颜色 B"为红色（其 R、G、B 值分别为 255、0、0），其他设置如图 6-184 所示。"合成"面板中的效果如图 6-185 所示。

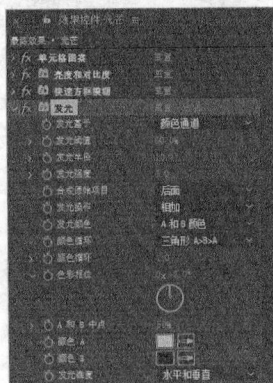

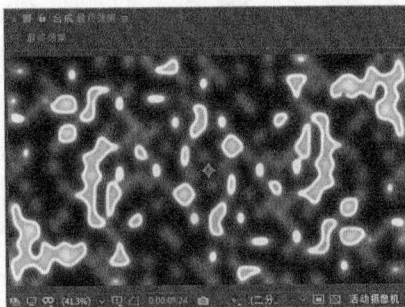

图 6-184　　　　　　　　　　　　　　　　　图 6-185

2. 添加透视效果

（1）选择"矩形工具" ▭，在"合成"面板中拖曳鼠标绘制一个矩形蒙版，选中"光芒"图层，按两次 M 键显示蒙版属性，设置"蒙版不透明度"属性为 100%、"蒙版羽化"属性为（233.0,233.0），如图 6-186 所示。"合成"面板中的效果如图 6-187 所示。

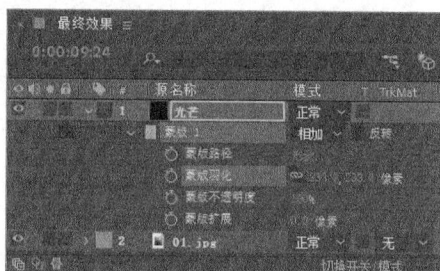

图 6-186

图 6-187

（2）选择"图层 > 新建 > 摄像机"命令，弹出"摄像机设置"对话框，在"名称"文本框中输入"摄像机 1"，其他设置如图 6-188 所示，单击"确定"按钮，"时间轴"面板中新增一个摄像机图层，如图 6-189 所示。

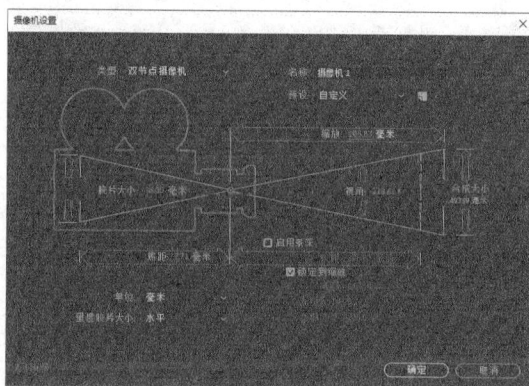

图 6-188

图 6-189

（3）将时间标签放置在 0:00:00:00 的位置，选中"光芒"图层，单击"光芒"图层右侧的"3D 图层"按钮，打开三维属性，设置"变换"属性，如图 6-190 所示。"合成"面板中的效果如图 6-191 所示。

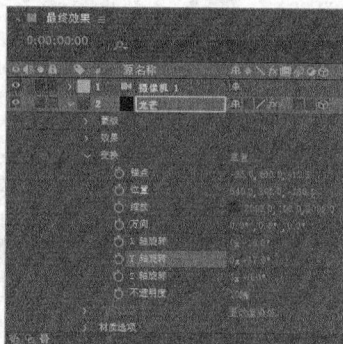

图 6-190

图 6-191

（4）单击"锚点"属性左侧的"关键帧自动记录器"按钮，如图 6-192 所示，记录第 1 个关键帧。将时间标签放置到 0：00：09：24 的位置。设置"锚点"属性为（884.3,400.0,-12.5），记录第 2 个关键帧，如图 6-193 所示。

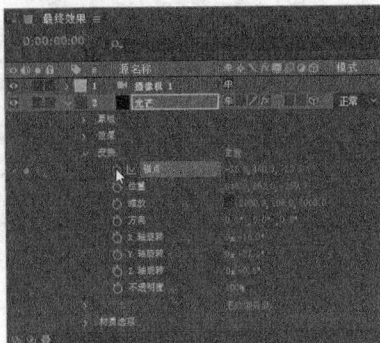

图 6-192

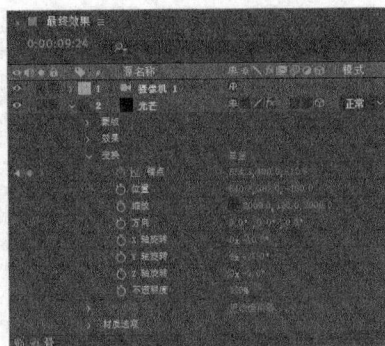

图 6-193

（5）在"时间轴"面板中设置"光芒"图层的混合模式为"线性减淡"，如图 6-194 所示。透视光芒效果制作完成，如图 6-195 所示。

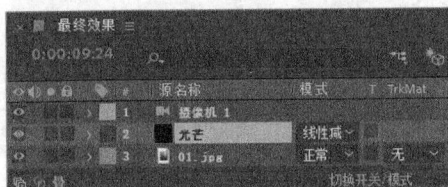

图 6-194

图 6-195

6.4.5　单元格图案

使用"单元格图案"效果可以创建多种类型的类似细胞图案的单元格图案拼合效果。其相关属性如图 6-196 所示。

单元格图案：用于选择图案的类型，包括"气泡""晶体""印板""静态板""晶格化""枕状""晶体 HQ""印板 HQ""静态板 HQ""晶格化 HQ""混合晶体"和"管状"等选项。

反转：勾选此复选框，可以反转图案效果。

对比度：设置单元格的颜色对比度。

溢出：包括"剪切""柔和固定""反绕"等选项。

分散：设置图案的分散程度。

大小：设置单个图案的大小。

偏移：设置图案偏离中心点的量。

平铺选项：在该属性组中勾选"启用平铺"复选框，可以设置水平单元格和垂直单元格的数值。

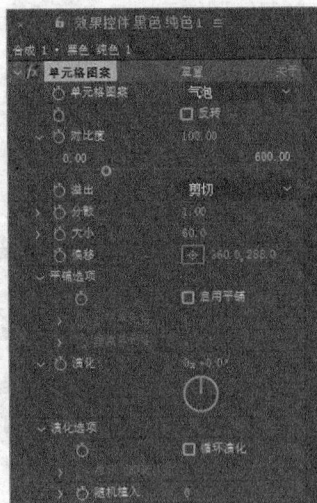

图 6-196

演化：设置关键帧，可以记录变化的动画效果。

演化选项：设置图案的各种扩展变化。

循环（旋转次数）：设置图案的循环次数。

随机植入：设置图案的随机速度。

"单元格图案"效果的应用如图 6-197～图 6-199 所示。

图 6-197　　　　　　　　图 6-198　　　　　　　　图 6-199

6.4.6　棋盘

使用"棋盘"效果可以在图像上创建棋盘格图案，其相关属性如图 6-200 所示。

锚点：设置棋盘格的位置。

大小依据：选择棋盘的类型，包括"边角点""宽度滑块"和"宽度和高度滑块"等选项。

边角：只有在"大小依据"中选择"边角点"选项，才能激活此属性，用于设置每个矩形的尺寸。

宽度：只有在"大小依据"中选择"宽度滑块"或"宽度和高度滑块"选项，才能激活此属性，用于设置矩形块为正方形。

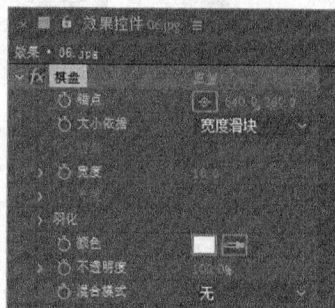

高度：只有在"大小依据"中选择"宽度滑块"或"宽度和高度滑块"选项，才能激活此属性，用于设置矩形块为长方形。

羽化：设置棋盘格子水平或垂直边缘的羽化程度。

颜色：设置格子的颜色。

不透明度：设置棋盘的不透明度。

图 6-200

混合模式：设置棋盘与原图的混合方式。

"棋盘"效果的应用如图 6-201～图 6-203 所示。

图 6-201　　　　　　　　图 6-202　　　　　　　　图 6-203

6.5　扭曲

"扭曲"效果主要用来对图像进行扭曲变形，是很重要的一类效果，可以校正画面的形状，还可以使普通的画面变形为特殊的效果。

6.5.1　课堂案例——放射光芒

案例学习目标

学习使用"扭曲"效果组制作放射光芒效果。

案例知识要点

使用"分形杂色"命令、"定向模糊"命令、"色相/饱和度"命令、"发光"命令、"极坐标"命令制作放射光芒效果。放射光芒效果如图 6-204 所示。

效果所在位置

云盘\Ch06\放射光芒\放射光芒.aep。

扫码观看
本案例视频

扫码查看
扩展案例

图 6-204

（1）按 Ctrl+N 组合键，弹出"合成设置"对话框，在"合成设置"文本框中输入"最终效果"，其他设置如图 6-205 所示，单击"确定"按钮，创建一个新的合成。

（2）选择"文件 > 导入 > 文件"命令，在弹出的"导入文件"对话框中选择云盘中的"Ch06\放射光芒\Footage)\01.jpg"文件，单击"导入"按钮，将素材导入"项目"面板中，如图 6-206 所示。

图 6-205

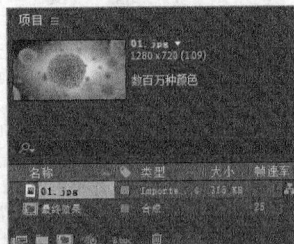

图 6-206

（3）在"项目"面板中选中"01.jpg"文件，将其拖曳到"时间轴"面板中，如图 6-207 所示。"合成"面板中的效果如图 6-208 所示。

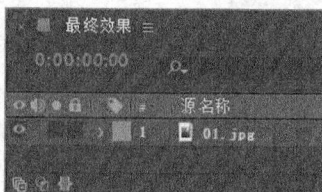

图 6-207

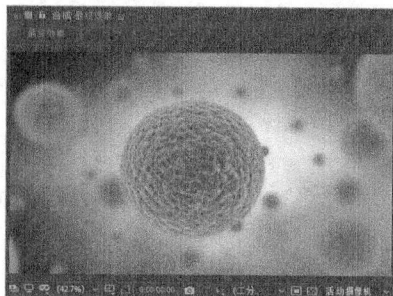

图 6-208

（4）选择"图层 > 新建 > 纯色"命令，弹出"纯色设置"对话框，在"名称"文本框中输入"放射光芒"，将"颜色"设置为黑色，单击"确定"按钮，"时间轴"面板中新增一个黑色纯色图层，如图 6-209 所示。

（5）选中"放射光芒"图层，选择"效果 > 杂色和颗粒 > 分形杂色"命令，在"效果控件"面板中设置参数，如图 6-210 所示。"合成"面板中的效果如图 6-211 所示。

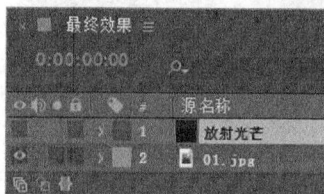

图 6-209

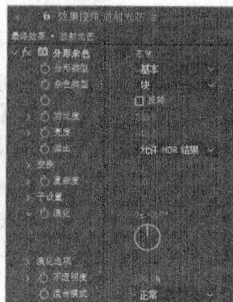

图 6-210

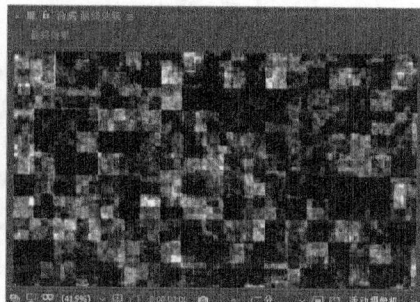

图 6-211

（6）将时间标签放置在 0:00:00:00 的位置，在"效果控件"面板中单击"演化"属性左侧的"关键帧自动记录器"按钮，如图 6-212 所示，记录第 1 个关键帧。将时间标签放置在 0:00:04:24 的位置，在"效果控件"面板中，设置"演化"属性为（10x+0.0°），如图 6-213 所示，记录第 2 个关键帧。

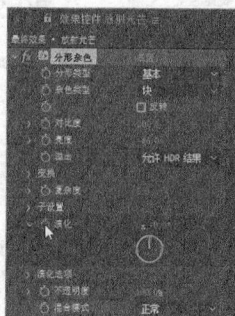

图 6-212

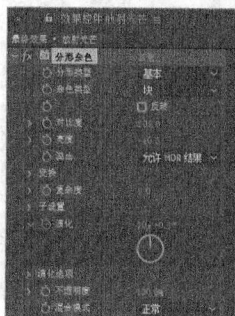

图 6-213

（7）将时间标签放置在 0:00:00:00 的位置，选中"放射光芒"图层，选择"效果 > 模糊和锐化 > 定向模糊"命令，在"效果控件"面板中设置参数，如图 6-214 所示。"合成"面板中的效果如图 6-215 所示。

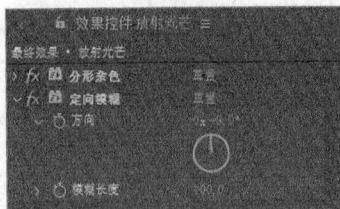

图 6-214

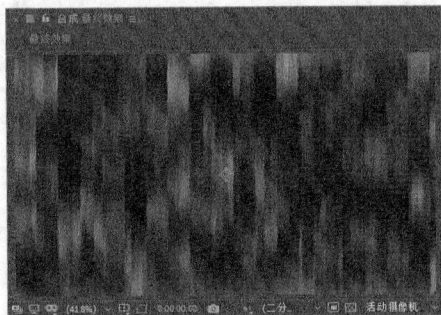

图 6-215

（8）选择"效果 > 颜色校正 > 色相/饱和度"命令，在"效果控件"面板中设置参数，如图 6-216 所示。"合成"面板中的效果如图 6-217 所示。

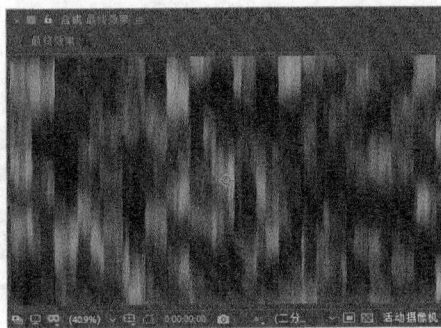

图 6-216

图 6-217

（9）选择"效果 > 风格化 > 发光"命令，在"效果控件"面板中，设置"颜色 A"为蓝色（其 R、G、B 值分别为 36、98、255），设置"颜色 B"为黄色（其 R、G、B 值分别为 255、234、0），其他设置如图 6-218 所示。"合成"面板中的效果如图 6-219 所示。

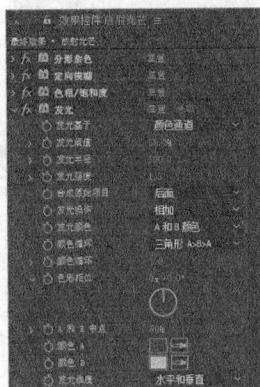

图 6-218

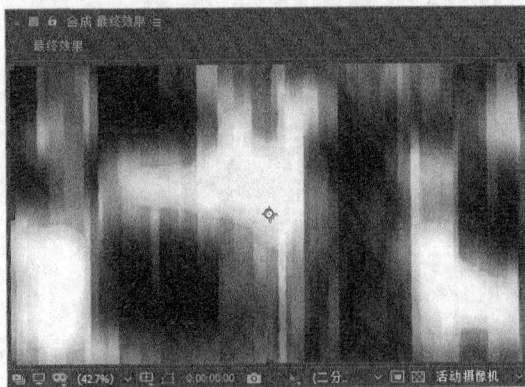

图 6-219

（10）选择"效果 > 扭曲 > 极坐标"命令，在"效果控件"面板中设置参数，如图 6-220 所示。"合成"面板中的效果如图 6-221 所示。

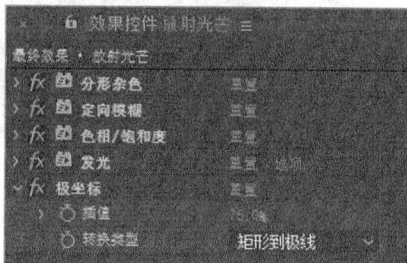

图 6-220

图 6-221

（11）在"时间轴"面板中，设置"放射光芒"图层的混合模式为"柔光"，如图 6-222 所示。放射光芒效果制作完成，如图 6-223 所示。

图 6-222

图 6-223

6.5.2　凸出

使用"凸出"效果可以模拟透过气泡或放大镜观看图像产生的放大效果，其相关属性如图 6-224 所示。

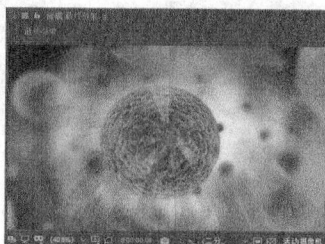

图 6-224

水平半径：用于设置膨胀效果的水平半径。

垂直平径：用于设置膨胀效果的垂直半径。

凸出中心：用于设置膨胀效果的中心定位点。

凸出高度：设置膨胀程度；正值为膨胀，负值为收缩。

锥形半径：用来设置膨胀边界的锐利程度。

消除锯齿（仅最佳品质）：反锯齿设置，只用于最高质量下的图像。

固定所有边缘：勾选此复选框，可以固定住所有边界。

"凸出"效果的应用如图 6-225～图 6-227 所示。

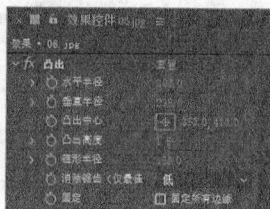

图 6-225

图 6-226

图 6-227

6.5.3　边角定位

"边角定位"效果通过改变图像 4 个角的位置来使图像变形，可根据需要来定位角点。该效果可以拉伸、收缩、倾斜和扭曲图形，也可以用来模拟透视效果，还可以和运动遮罩层结合，形成画中画的效果。"边角定位"效果的相关属性如图 6-228 所示。

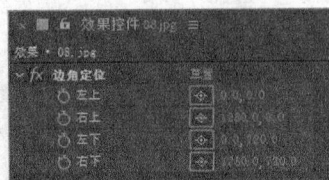

图 6-228

　　左上：设置左上角的定位点。

　　右上：设置右上角的定位点。

　　左下：设置左下角的定位点。

　　右下：设置右下角的定位点。

"边角定位"效果的应用如图 6-229 所示。

图 6-229

6.5.4　网格变形

"网格变形"效果使用网格化的曲线切片控制图像的变形区域。通常，在确定好网格数量之后，在合成图像中拖曳网格的节点来完成效果的调整。"网格变形"效果的相关属性如图 6-230 所示。

图 6-230

　　行数：用于设置行数。

　　列数：用于设置列数。

　　品质：用于设置图像遵循曲线定义的形状近似程度。

　　扭曲网格：用于制作扭曲动画。

"网格变形"效果的应用如图 6-231～图 6-233 所示。

　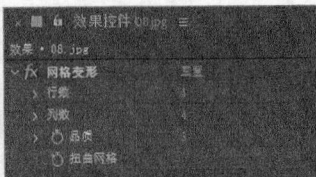　

图 6-231　　　　　　　　图 6-232　　　　　　　　图 6-233

6.5.5　极坐标

"极坐标"效果用来将图像的直角坐标转换为极坐标，以产生扭曲效果，其相关属性如图 6-234 所示。

图 6-234

插值：设置扭曲程度。

转换类型：设置转换类型；"极线到矩形"表示将极坐标转换为直角坐标，"矩形到极线"表示将直角坐标转换为极坐标。

"极坐标"效果的应用如图 6-235～图 6-237 所示。

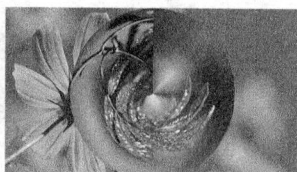

图 6-235   图 6-236   图 6-237

6.5.6　置换图

"置换图"效果用一张作为映射层的图像的像素来置换原图像的像素，通过映射像素的颜色值将图层变形，变形分为水平和垂直两个方向，其相关属性如图 6-238 所示。

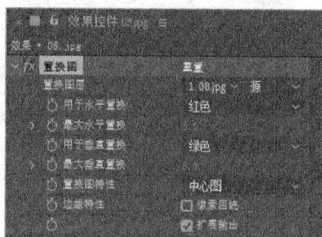

置换图层：选择作为映射层的图像。

用于水平置换/用于垂直置换：调节水平/垂直方向上的通道，默认范围为 –100～100，最大范围为 –32000～32000。

图 6-238

最大水平置换/最大垂直置换：调节映射层的水平/垂直位置；在水平方向上，负值表示向左移动，正值表示向右移动；在垂直方向上，负值表示向下移动，正值表示向上移动；默认范围为 –100～100，最大范围为 –32000～3200。

置换图特性：选择映射方式。

边缘特性：设置边缘行为。

像素回绕：勾选此复选框，锁定边缘像素。

扩展输出：勾选此复选框，使效果伸展到原图像边缘外。

"置换图"效果的应用如图 6-239～图 6-241 所示。

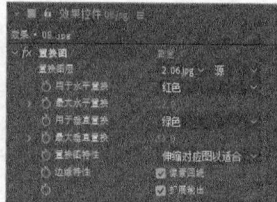

图 6-239   图 6-240   图 6-241

6.6　杂色和颗粒

使用"杂色和颗粒"效果可以为素材设置噪波或颗粒效果，使素材分散或使素材的形状发生变化。

6.6.1　课堂案例——降噪

案例学习目标

学习使用"杂色和颗粒"效果制作降噪效果。

案例知识要点

使用"移除颗粒"命令、"色阶"命令修饰图片，使用"曲线"命令调整曲线。降噪效果如图6-242所示。

扫码观看
本案例视频

扫码查看
扩展案例

图 6-242

效果所在位置

云盘\Ch06\降噪\降噪. aep。

（1）按 Ctrl+N 组合键，弹出"合成设置"对话框，在"合成设置"文本框中输入"最终效果"，其他设置如图6-243所示，单击"确定"按钮，创建一个新的合成。

（2）选择"文件 > 导入 > 文件"命令，在弹出的"导入文件"对话框中选择云盘中的"Ch06\降噪\(Footage)\01.jpg"文件，单击"导入"按钮，将素材导入"项目"面板中，并将其拖曳到"时间轴"面板中，如图6-244所示。

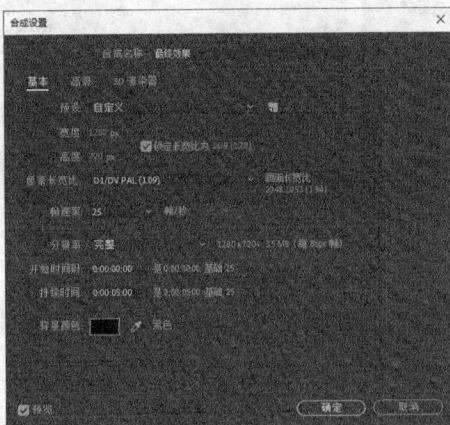

图 6-243

图 6-244

（3）选中"01.jpg"图层，选择"效果 > 杂色和颗粒 > 移除颗粒"命令，在"效果控件"面板中设置参数，如图 6-245 所示。"合成"面板中的效果如图 6-246 所示。

图 6-245   图 6-246

（4）再次添加"移除颗粒"效果，并在"效果控件"面板中设置参数，如图 6-247 所示。"合成"面板中的效果如图 6-248 所示。

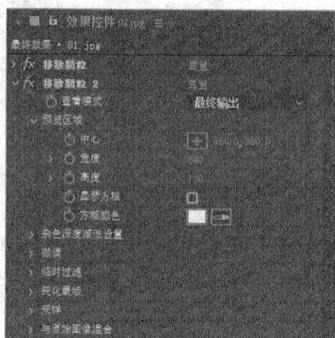

图 6-247   图 6-248

（5）选择"效果 > 颜色校正 > 色阶"命令，在"效果控件"面板中设置参数，如图 6-249 所示。"合成"面板中的效果如图 6-250 所示。

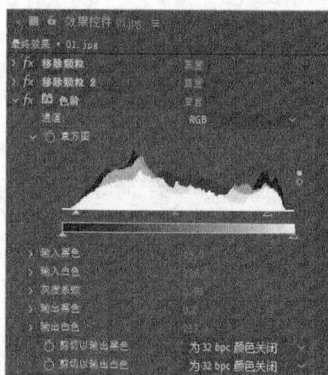

图 6-249   图 6-250

（6）选择"效果 > 颜色校正 > 曲线"命令，在"效果控件"面板中调整曲线，如图 6-251 所示。降噪效果制作完成，如图 6-252 所示。

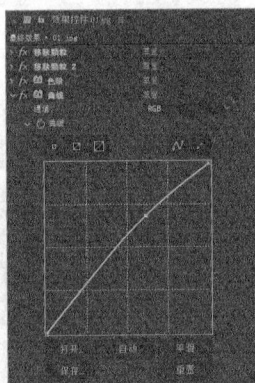

图 6-251

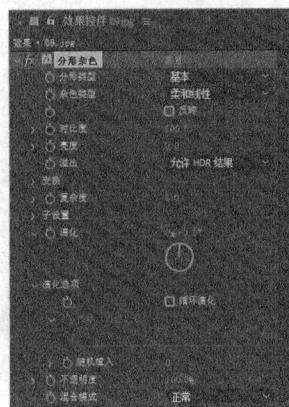

图 6-252

6.6.2　分形杂色

使用"分形杂色"效果可以模拟烟、云、水流等纹理图案，其相关属性如图 6-253 所示。

分形类型：选择分形的类型。

杂色类型：选择杂色的类型。

反转：勾选此复选框，反转图像的颜色，将黑色和白色反转。

对比度：调节生成的杂色图案的对比度。

亮度：调节生成的杂色图案的亮度。

溢出：选择杂色图案的比例、旋转和偏移等。

复杂度：设置杂色图案的复杂程度。

子设置：杂色的子分形变化的相关设置（如子分形影响力、子分形缩放等）。

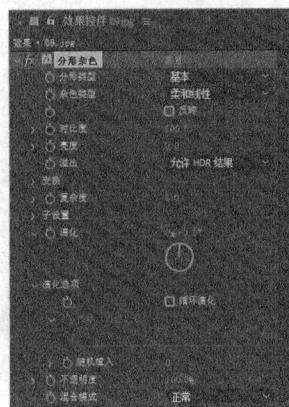

图 6-253

演化：控制杂色的分形变化相位。

演化选项：分形变化的一些设置（循环、随机种子等）。

不透明度：设置生成的杂色图案的不透明度。

混合模式：设置生成的杂色图案与原素材图像的叠加模式。

"分形杂色"效果的应用如图 6-254～图 6-256 所示。

图 6-254

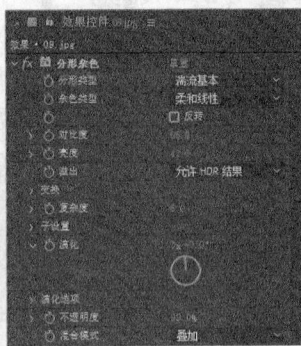

图 6-255

图 6-256

6.6.3　中间值（旧版）

"中间值（旧版）"效果使用指定半径范围内的像素的平均值来替代像素值。指定值较低时，该效果可以用来减少画面中的杂点；取高值时，会产生一种绘画效果。"中间值（旧版）"效果的相关属性如图 6-257 所示。

图 6-257

半径：指定像素半径。

在 Alpha 通道上运算：勾选此复选框，可以在 Alpha 通道上运算中间值。

"中间值（旧版）"效果的应用如图 6-258～图 6-260 所示。

图 6-258

图 6-259

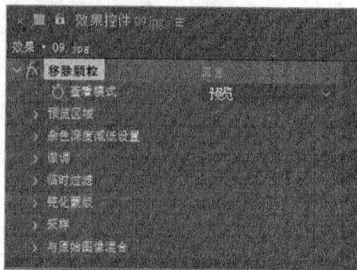
图 6-260

6.6.4　移除颗粒

使用"移除颗粒"效果可以移除杂点或颗粒，其相关属性如图 6-261 所示。

查看模式：设置查看的模式，可以选择"预览""杂色取样""混合遮罩""最终输出"等选项。

预览区域：设置预览区域的大小、位置等。

杂色深度减低设置：对杂点或噪波进行设置。

微调：对材质、尺寸、色泽等进行精细的设置。

临时过滤：设置是否开启临时过滤。

钝化蒙版：设置钝化蒙版。

采样：设置各种采样情况、采样点等参数。

与原始图像混合：混合原始图像。

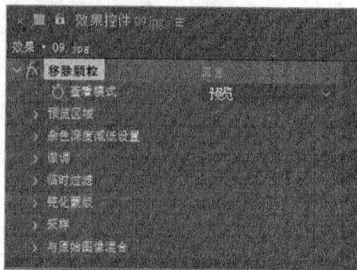

图 6-261

"移除颗粒"效果的应用如图 6-262～图 6-264 所示。

图 6-262

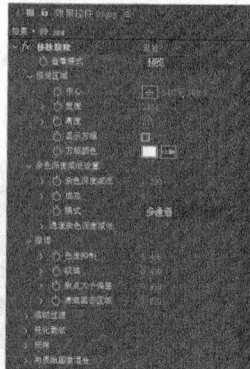
图 6-263

图 6-264

6.7   模拟

"模拟"效果组中包括"卡片动画""焦散""泡沫""碎片"和"粒子运动场"等效果，这些效果功能强大，可以用来制作多种逼真的效果，不过其属性较多，设置起来也比较复杂。

6.7.1   课堂案例——气泡效果

案例学习目标

学习使用"泡沫"效果制作气泡效果。

案例知识要点

使用"泡沫"命令制作气泡效果。气泡效果如图 6-265 所示。

扫码观看   扫码查看
本案例视频   扩展案例

图 6-265

效果所在位置

云盘\Ch06\气泡效果\气泡效果. aep。

（1）按 Ctrl+N 组合键，弹出"合成设置"对话框，在"合成名称"文本框中输入"最终效果"，其他设置如图 6-266 所示，单击"确定"按钮，创建一个新的合成。

（2）选择"文件 > 导入 > 文件"命令，在弹出的"导入文件"对话框中选择云盘中的"Ch06 \气泡效果\(Footage)\ 01.jpg"文件，单击"导入"按钮，将背景图片导入"项目"面板中，并将其拖曳到"时间轴"面板中。选中"01.jpg"图层，按 Ctrl+D 组合键复制图层，如图 6-267 所示。

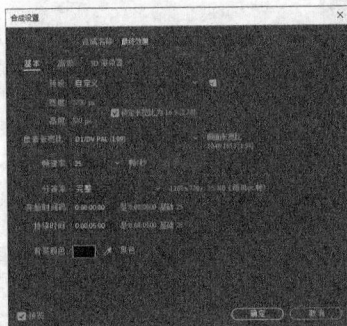

图 6-266

图 6-267

（3）选中第 1 个图层，选择"效果 > 模拟 > 泡沫"命令，在"效果控件"面板中设置参数，如图 6-268 所示。

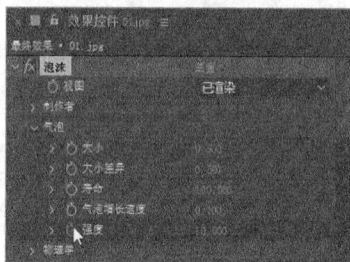 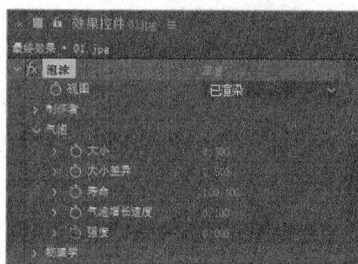

图 6-268

（4）将时间标签放置在 0:00:00:00 的位置，在"效果控件"面板中，单击"强度"属性左侧的"关键帧自动记录器"按钮，如图 6-269 所示，记录第 1 个关键帧。将时间标签放置在 0:00:04:24 的位置，在"效果控件"面板中，设置"强度"属性为 0.000，如图 6-270 所示，记录第 2 个关键帧。

图 6-269   图 6-270

（5）气泡效果制作完成，如图 6-271 所示。

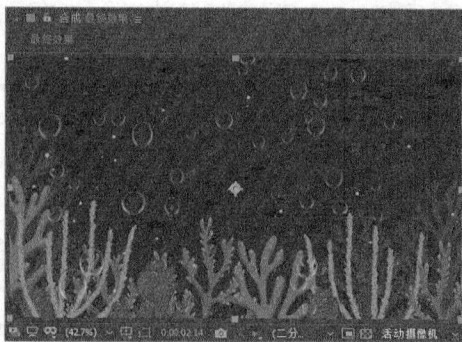

图 6-271

6.7.2　泡沫

"泡沫"效果的相关属性如图 6-272 所示。

视图：在该下拉列表中，可以选择"泡沫"效果的显示方式；用"草图"模式渲染气泡效果时，虽然不能在该模式下看到气泡的最终效果，但是可以预览气泡的运动方式和状态，该模式的计算速度非常快；为效果指定影响通道后，使用"草图+流动映射"模式可以看到指定的影响对象；在"已渲染"模式下可以预览气泡的最终效果，但是计算速度相对较慢。

制作者：用于设置气泡的粒子发射器相关参数，如图 6-273 所示。

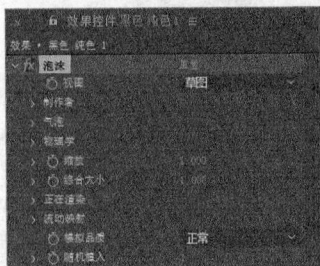

图 6-272

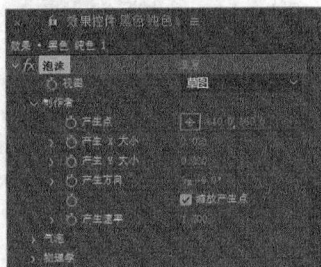

图 6-273

- 产生点：用于控制发射器的位置，所有的气泡都由发射器产生。
- 产生 X/Y 大小：分别控制发射器的大小。在"草图"或者"草图+流动映射"模式下预览效果时，可以观察发射器。
- 产生方向：用于旋转发射器，使气泡产生旋转效果。
- 缩放产生点：可缩放发射器。如不勾选此复选框，则系统默认以发射效果点为中心缩放发射器。
- 产生速率：用于控制发射速度。一般情况下，数值越高，发射速度越快，单位时间内产生的气泡也越多；当数值为 0 时，不发射气泡；系统发射气泡时，在效果的开始位置，气泡数目为 0。

气泡：可对气泡的尺寸、生命值以及强度进行控制，如图 6-274 所示。

- 大小：用于控制气泡的尺寸。数值越大，气泡越大。
- 大小差异：用于控制气泡的大小差异。数值越高，气泡之间的大小差异越大。数值为 0 时，气泡的最终大小相同。
- 寿命：用于控制气泡的生命值。每个气泡在发射产生后，最终都会消失。生命值即气泡从产生到消失的时间。
- 气泡增长速度：用于控制每个气泡生长的速度，即气泡从产生到最终大小的时间。
- 强度：用于控制气泡的强度。

物理学：该属性组影响气泡运动因素，如初始速度、风速等，如图 6-275 所示。

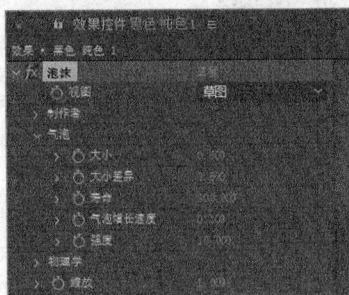

图 6-274

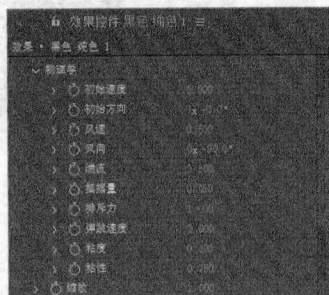

图 6-275

- 初始速度：控制气泡的初始速度。

- 初始方向：控制气泡的初始方向。
- 风速：控制影响气泡的风速，就好像一股风吹动气泡一样。
- 风向：控制风的方向。
- 湍流：控制气泡的混乱度。数值越大，气泡运动越混乱，同时向四面八方发散；数值越小，则气泡的运动较有序和集中。
- 摇摆量：控制气泡的摇摆强度。该值较大时，气泡会产生摇摆变形。
- 排斥力：用于在气泡间产生排斥力。数值越高，气泡间的排斥力越强。
- 弹跳速度：控制气泡的总速率。
- 粘度：控制气泡的黏度。数值越小，气泡堆砌得越紧密。
- 粘性：控制气泡间的黏着程度。

缩放：对气泡进行缩放。

综合大小：该属性组用于控制气泡的综合尺寸。在"草图"或者"草图+流动映射"模式下预览效果时，可以观察综合尺寸范围框。

正在渲染：该属性组用于控制气泡的渲染属性，如"混合模式"模式下的气泡纹理及反射效果等。该属性组的设置效果仅在渲染模式下才能看到，其相关属性如图 6-276 所示。

- 混合模式：用于控制气泡间的融合模式。在"透明"模式下，气泡间进行透明叠加。
- 气泡纹理：可在该下拉列表中选择气泡的材质。
- 气泡纹理分层：用于指定用作气泡图像的图层。
- 气泡方向：在该下拉列表中选择气泡的方向。可以使用默认的坐标，也可以使用物理参数控制方向，还可以根据气泡速率进行控制。
- 环境映射：所有的气泡都可以对周围的环境进行反射。可以在该下拉列表中指定气泡的反射层。
- 反射强度：控制反射的强度。
- 反射融合：控制反射的融合度。

流动映射：在该属性组中指定一个图层来影响气泡。在"流动映射"下拉列表中，可以选择对气泡产生影响的目标图层。选择目标图层后，在"草图+流动映射"模式下，可以看到流动映射，如图 6-277 所示。

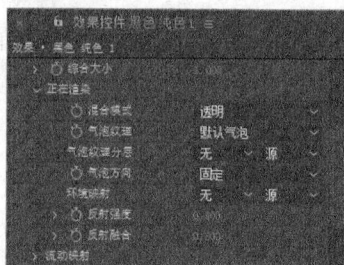

图 6-276

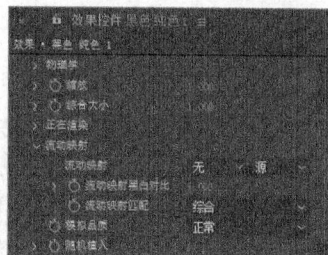

图 6-277

- 流动映射黑白对比：用于控制参考图对气泡的影响。
- 流动映射匹配：在该下拉列表中选择参考图的大小。可以使用合成图像屏幕大小和气泡的总体范围大小。

● 模拟品质：在该下拉列表中可选择气泡的仿真质量。

"泡沫"效果的应用如图 6-278～图 6-280 所示。

 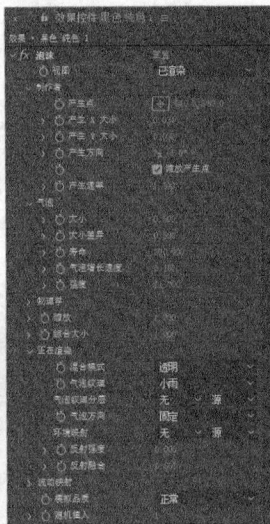 

　　　图 6-278　　　　　　　　　图 6-279　　　　　　　　图 6-280

6.8　风格化

"风格化"效果可以模拟一些实际的绘画效果，或为画面提供某种风格化效果。

6.8.1　课堂案例——手绘效果

案例学习目标

学习使用"查找边缘"效果制作手绘效果。

案例知识要点

使用"查找边缘"命令、"色阶"命令、"色相位/饱和度"命令、"画笔描边"命令制作手绘效果，使用"钢笔工具" 绘制蒙版。手绘效果如图 6-281 所示。

图 6-281

扫码观看
本案例视频

扫码查看
扩展案例

效果所在位置

云盘\Ch06\手绘效果\手绘效果.aep。

（1）按 Ctrl+N 组合键，弹出"合成设置"对话框，在"合成名称"文本框中输入"最终效果"，其他设置如图 6-282 所示，单击"确定"按钮，创建一个新的合成。

（2）选择"文件 > 导入 > 文件"命令，在弹出的"导入文件"对话框中选择云盘中的"Ch06\手绘效果\(Footage)\01.jpg"文件，单击"导入"按钮，导入图片。在"项目"面板中选中"01.jpg"文件并将其拖曳到"时间轴"面板中，如图 6-283 所示。

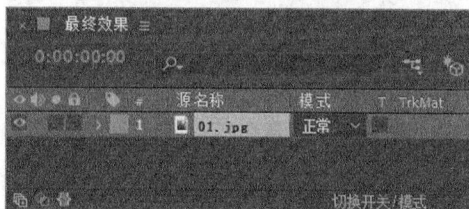

图 6-282

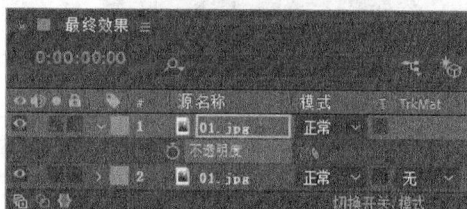

图 6-283

（3）选中"01.jpg"图层，按 Ctrl+D 组合键复制图层，如图 6-284 所示。选择第 1 个图层，按 T 键显示"不透明度"属性，设置"不透明度"属性为 70%，如图 6-285 所示。

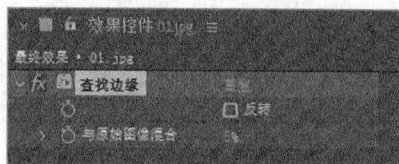

图 6-284

图 6-285

（4）选择第 2 个图层，选择"效果 > 风格化 > 查找边缘"命令，在"效果控件"面板中设置参数，如图 6-286 所示。"合成"面板中的效果如图 6-287 所示。

图 6-286

图 6-287

（5）选择"效果 > 颜色校正 > 色阶"命令，在"效果控件"面板中设置参数，如图 6-288 所示。"合成"面板中的效果如图 6-289 所示。

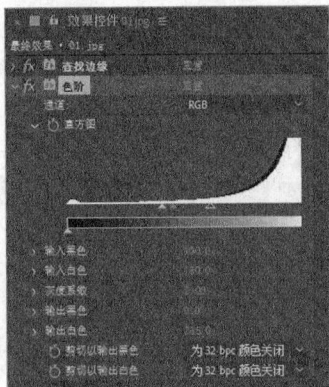

图 6-288

图 6-289

（6）选择"效果 > 颜色校正 > 色相/饱和度"命令，在"效果控件"面板中设置参数，如图 6-290 所示。"合成"面板中的效果如图 6-291 所示。

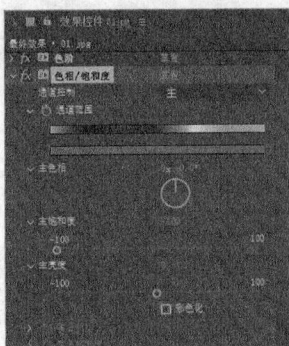

图 6-290

图 6-291

（7）选择"效果 > 风格化 > 画笔描边"命令，在"效果控件"面板中设置参数，如图 6-292 所示。"合成"面板中的效果如图 6-293 所示。

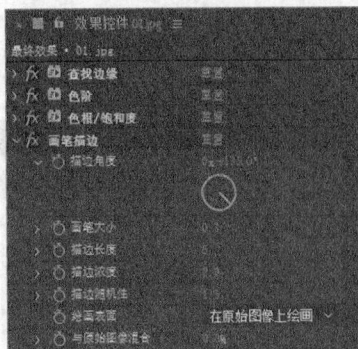

图 6-292

图 6-293

（8）在"项目"面板中选择"01.jpg"文件并将其拖曳到"时间轴"面板中的最顶部，如图 6-294

所示。选中第一个图层，选择"钢笔工具" ，在"合成"面板中绘制一个蒙版形状，如图 6-295 所示。

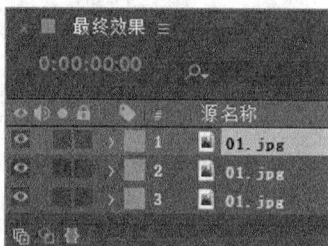

图 6-294

图 6-295

（9）选中第 1 个图层，按 F 键显示"蒙版羽化"属性，设置"蒙版羽化"属性为（30.0，30.0），如图 6-296 所示。手绘效果制作完成，如图 6-297 所示。

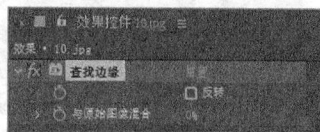

图 6-296

图 6-297

6.8.2　查找边缘

"查找边缘"效果通过强化过渡像素来产生彩色线条，其相关属性如图 6-298 所示。

反转：勾选此复选框，将反向勾边结果。

与原始图像混合：设置与原始素材图像的混合比例。

"查找边缘"效果的应用如图 6-299～图 6-301 所示。

图 6-298

图 6-299

图 6-300

图 6-301

6.8.3 发光

"发光"效果经常用于为图像中的文字和带有 Alpha 通道的图像
制作发光或光晕效果，其相关属性如图 6-302 所示。

发光基于：控制发光效果基于哪一种通道方式。

发光阈值：设置发光的阈值，影响发光的覆盖面。

发光半径：设置发光的半径。

发光强度：设置发光的强度，影响发光的亮度。

合成原始项目：设置与原始素材图像的合成方式。

发光操作：设置发光的模式，类似图层混合模式的选择。

发光颜色：设置发光的颜色。

颜色循环：设置发光颜色循环的方式。

颜色循环：设置发光颜色循环的数值。

色彩相位：设置发光的颜色相位。

A 和 B 中点：设置发光颜色 A 和 B 的中点百分比。

颜色 A：选择颜色 A。

颜色 B：选择颜色 B。

发光维度：设置发光的方向是水平、垂直的，还是两者兼有的。

"发光"效果的应用如图 6-303～图 6-305 所示。

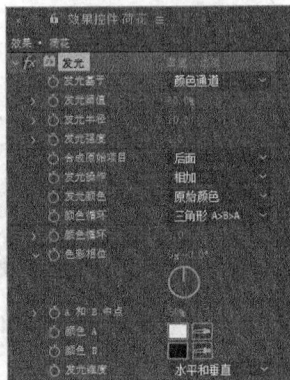

图 6-302

图 6-303

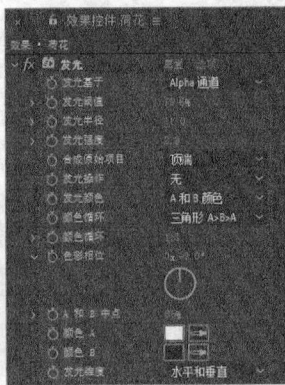

图 6-304

图 6-305

6.9 课堂练习——保留颜色

🔗 练习知识要点

使用"曲线"命令、"保留颜色"命令、"色相/饱和度"命令调整图片局部的颜色效果，使用"横
排文字工具" T 输入文字。保留颜色效果如图 6-306 所示。

图 6-306

扫码观看
本案例视频

效果所在位置

云盘\Ch06\保留颜色\保留颜色.aep。

6.10 课后习题——随机线条

习题知识要点

使用"照片滤镜"命令和"自然饱和度"命令调整视频的色调，使用"分形杂色"命令制作随机线条效果。随机线条效果如图 6-307 所示。

图 6-307

扫码观看
本案例视频

效果所在位置

云盘\Ch06\随机线条\随机线条.aep。

07

第 7 章
跟踪运动与表达式

　　本章介绍 After Effects 中的"跟踪运动与表达式",重点讲解跟踪运动中的单点跟踪和多点跟踪、表达式中的创建表达式和编辑表达式等内容。通过对本章内容的学习,读者可以制作影片自动生成的动画,完成最终的影片效果。

学习目标 ⠿

● 了解跟踪运动的创建方法
● 了解表达式的应用

素养目标 ⠿

● 培养在使用表达式时能确保与目标效果一致的思维能力
● 培养具有良好的艺术感知和审美意识的能力
● 培养能够准确观察和分析对象特点的能力

7.1　跟踪运动

跟踪运动是对影片中产生运动的物体进行追踪。应用跟踪运动时，合成文件中应该至少有两个图层：一个为追踪目标层，另一个为连接到追踪点的图层。导入影片素材后，在菜单栏中选择"动画 > 跟踪运动"命令设置跟踪运动，如图 7-1 所示。

图 7-1

7.1.1　课堂案例——单点跟踪

✍ 案例学习目标

学会使用"跟踪器"命令设置单点跟踪。

🔒 案例知识要点

使用"跟踪器"命令添加跟踪点，使用"空对象"命令新建空白图层。单点跟踪效果如图 7-2 所示。

图 7-2

扫码观看
本案例视频

扫码查看
扩展案例

◉ 效果所在位置

云盘\Ch07\单点跟踪\单点跟踪.aep。

（1）按 Ctrl+N 组合键，弹出"合成设置"对话框，在"合成名称"文本框中输入"最终效果"，其他设置如图 7-3 所示，单击"确定"按钮，创建一个新的合成。选择"文件 > 导入 > 文件"命令，在弹出的"导入文件"对话框中选择云盘中的"Ch07\单点跟踪\(Footage)\ 01.mpeg"文件，单击"导入"按钮，将视频文件导入"项目"面板中，如图 7-4 所示。

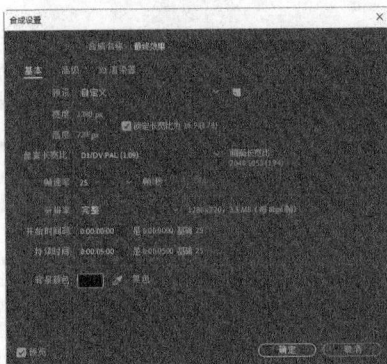

图 7-3   图 7-4

（2）在"项目"面板中选中"01.mpeg"文件，将其拖曳到"时间轴"面板中，按 S 键显示"缩放"属性，设置"缩放"属性为（110.0,110.0%），如图 7-5 所示。"合成"面板中的效果如图 7-6 所示。

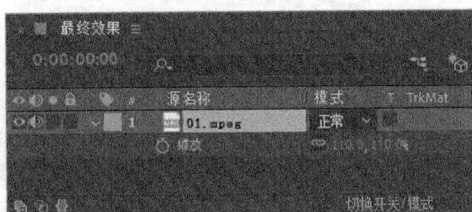

图 7-5   图 7-6

（3）选择"图层 > 新建 > 空对象"命令，"时间轴"面板中新增一个"空 1"图层，如图 7-7 所示。按 S 键显示"缩放"属性，设置"缩放"属性为（50.9,49.8%），如图 7-8 所示。

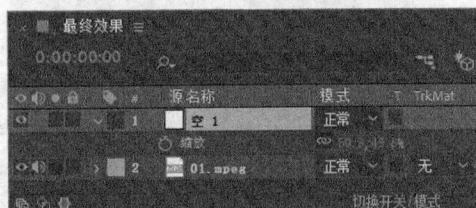

图 7-7   图 7-8

（4）选择"窗口 > 跟踪器"命令，打开"跟踪器"面板，如图 7-9 所示。选中"01.mpeg"图层，在"跟踪器"面板中单击"跟踪运动"按钮，让面板处于激活状态，如图 7-10 所示。"合成"面板中的效果如图 7-11 所示。

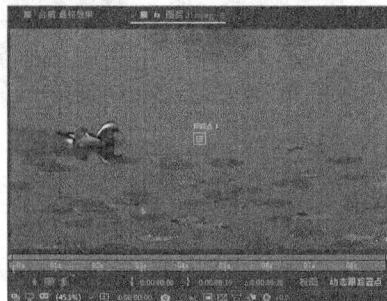

图 7-9　　　　　　图 7-10　　　　　　图 7-11

（5）拖曳控制点到眼睛的位置，如图 7-12 所示。在"跟踪器"面板中单击"向前分析"按钮▶自动跟踪计算，如图 7-13 所示。

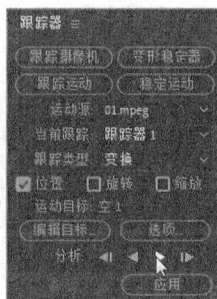

图 7-12　　　　　　　　　　图 7-13

（6）在"跟踪器"面板中单击"应用"按钮，如图 7-14 所示，弹出"动态跟踪器应用选项"对话框，单击"确定"按钮，如图 7-15 所示。

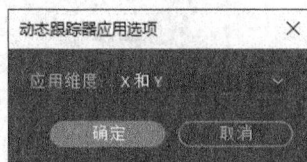

图 7-14　　　　　　　　　　图 7-15

（7）选中"01.mpeg"图层，按 U 键显示所有关键帧，可以看到刚才的控制点经过跟踪计算后产生的一系列关键帧，如图 7-16 所示。

图 7-16

（8）选中"空 1"图层，按 U 键显示所有关键帧，同样可以看到跟踪产生的一系列关键帧，如图 7-17 所示。单点跟踪效果制作完成。

图 7-17

7.1.2　单点跟踪

在某些合成效果中，可能需要让某种效果跟踪另外一个物体运动，从而得到想要的效果。例如，跟踪手指上单独一个点的运动轨迹，使调节图层与手指的运动轨迹相同，实现合成效果，如图 7-18 所示。

选择"动画 > 跟踪运动"或"窗口 > 跟踪器"命令，打开"跟踪器"面板，在"图层"面板中显示当前图层。设置"跟踪类型"为"变换"，制作单点跟踪效果。在该面板中还可以设置"跟踪摄像机""变形稳定器""跟踪运动""稳定运动""运动源""当前跟踪""位置""旋转""缩放""编辑目标""选项""分析""重置""应用"等，如图 7-19 所示。

图 7-18

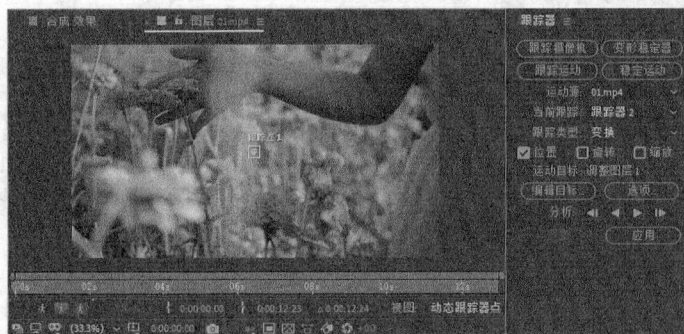

图 7-19

7.1.3 课堂案例——四点跟踪

案例学习目标

学会使用"跟踪器"命令制作四点跟踪效果。

案例知识要点

使用"导入"命令导入视频文件，使用"跟踪器"命令添加跟踪点。四点跟踪效果如图 7-20 所示。

扫码观看
本案例视频

扫码查看
扩展案例

图 7-20

效果所在位置

云盘\Ch07\四点跟踪\四点跟踪.aep。

（1）按 Ctrl+N 组合键，弹出"合成设置"对话框，在"合成名称"文本框中输入"最终效果"，其他设置如图 7-21 所示，单击"确定"按钮，创建一个新的合成。选择"文件 > 导入 > 文件"命令，弹出"导入文件"对话框，选择云盘中的"Ch07 \四点跟踪\(Footage)\01.mp4、02.mp4"文件，单击"导入"按钮，将文件导入"项目"面板，如图 7-22 所示。

图 7-21

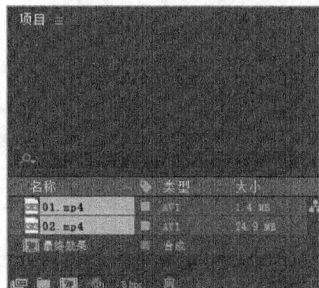

图 7-22

（2）在"项目"面板中选择"01.mp4"和"02.mp4"文件，将它们拖曳到"时间轴"面板中，图层的排列顺序如图 7-23 所示。选择"窗口 > 跟踪器"命令，打开"跟踪器"面板，如图 7-24 所示。

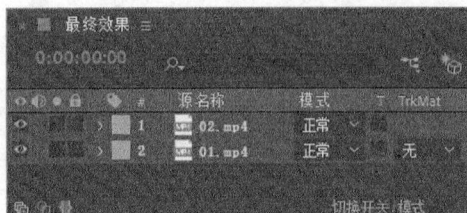

图 7-23　　　　　　　　　　　　　　　　　图 7-24

（3）选中"01.mp4"图层，在"跟踪器"面板中单击"跟踪运动"按钮，让面板处于激活状态，如图 7-25 所示。"合成"面板中的效果如图 7-26 所示。

图 7-25　　　　　　　　　　　　　　　　　图 7-26

（4）在"跟踪器"面板的"跟踪类型"下拉列表中选择"透视边角定位"选项，如图 7-27 所示。"合成"面板中的效果如图 7-28 所示。

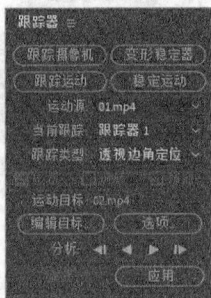

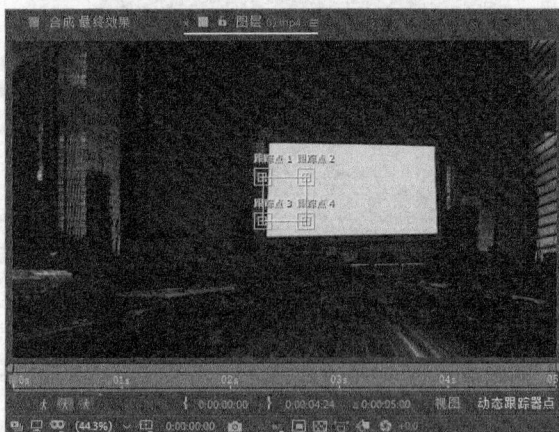

图 7-27　　　　　　　　　　　　　　　　　图 7-28

（5）分别拖曳 4 个控制点到画面的四角，如图 7-29 所示。在"跟踪器"面板中单击"向前分析"

按钮▶自动跟踪计算，如图 7-30 所示。单击"应用"按钮，如图 7-31 所示。

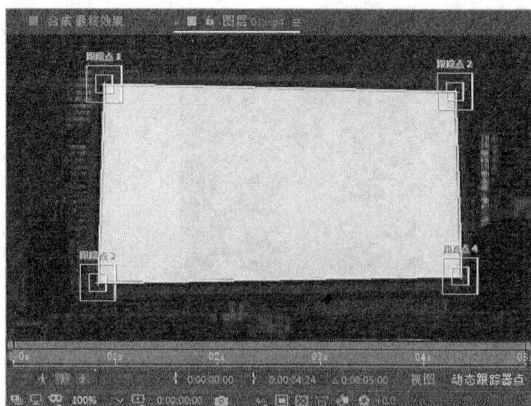
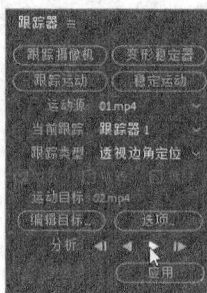

图 7-29　　　　　　　　　　　　图 7-30　　　　　　　　图 7-31

（6）选中"01.mp4"图层，按 U 键显示所有关键帧，可以看到前面步骤中的控制点经过跟踪计算后产生的一系列关键帧，如图 7-32 所示。

图 7-32

（7）选中"02.mp4"图层，按 U 键显示所有关键帧，同样可以看到跟踪产生的一系列关键帧，如图 7-33 所示。

图 7-33

（8）四点跟踪效果制作完成，如图 7-34 所示。

图 7-34

7.1.4　多点跟踪

在某些影片的合成过程中，经常需要将动态影片中的某一部分图像设置成其他图像，并生成跟踪效果，从而制作出想要的效果。例如，将一段影片与另一指定的图像进行置换合成，通过跟踪标牌上的 4 个点的运动轨迹，使指定的置换图像与标牌的运动轨迹相同，实现合成效果，合成前与合成后的效果分别如图 7-35 和图 7-36 所示。

多点跟踪效果的设置与单点跟踪效果的设置大部分相同，设置"跟踪类型"为"透视边角定位"后，在"图层"面板中，会由原来的定义 1 个跟踪点，变成定义 4 个跟踪点的位置制作多点跟踪效果，如图 7-37 所示。

图 7-35　　　　　　　　　　　图 7-36　　　　　　　　　　　图 7-37

7.2　表达式

表达式可以创建层属性，或者创建一个属性关键帧到另一个图层或另一个属性关键帧的联系。当要创建一个复杂的动画，但又不愿意手动创建几十、几百个关键帧时，可以试着用表达式来实现。在 After Effects 中，想要给一个图层添加表达式，首先需要给该图层添加一个表达式控制效果，如图 7-38 所示。

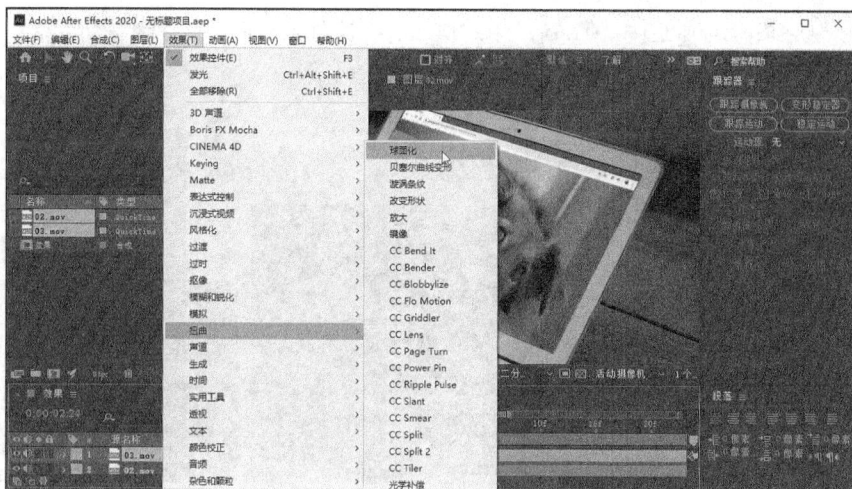

图 7-38

7.2.1　课堂案例——放大镜效果

案例学习目标

学会使用表达式制作放大镜效果。

案例知识要点

使用"导入"命令导入图片，使用"向后平移（锚点）工具 "改变中心点位置，使用"球面化"命令制作球面效果，使用"添加表达式"命令制作放大效果。放大镜效果如图 7-39 所示。

图 7-39

扫码观看
本案例视频

扫码查看
扩展案例

效果所在位置

云盘\Ch07\放大镜效果\放大镜效果.aep。

（1）按 Ctrl+N 组合键，弹出"合成设置"对话框，在"合成名称"文本框中输入"最终效果"，其他设置如图 7-40 所示，单击"确定"按钮，创建一个新的合成。

（2）选择"导入 > 文件 > 导入"命令，在弹出的"导入文件"对话框中选择云盘中的"Ch07\放大镜效果\(Footage)\01.jpg、02.png"文件，单击"导入"按钮，将图片导入"项目"面板中，如图 7-41 所示。

（3）在"项目"面板中选中"01.jpg"和"02.png"文件并将它们拖曳到"时间轴"面板中，图层的排列顺序如图 7-42 所示。

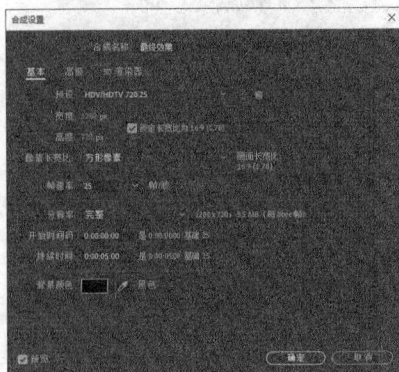

图 7-40

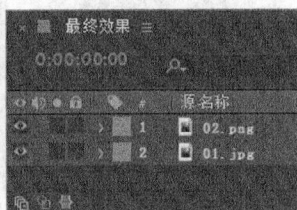

图 7-41　　　　　　　　　　图 7-42

（4）选中"02.png"图层，按 S 键显示"缩放"属性，设置"缩放"属性为（10.0,10.0%），如图 7-43 所示。"合成"面板中的效果如图 7-44 所示。

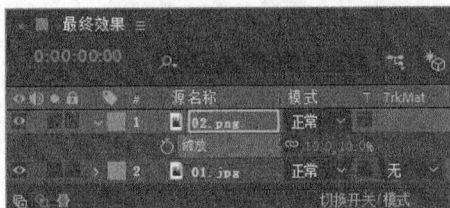

图 7-43

图 7-44

（5）选择"向后平移（锚点）工具" ，在"合成"面板中拖曳鼠标，调整放大镜的中心点位置，如图 7-45 所示。将时间标签放置在 0:00:00:00 的位置，按 P 键显示"位置"属性，设置"位置"属性为（553.8,231.3），单击"位置"属性左侧的"关键帧自动记录器"按钮 ，如图 7-46 所示，记录第 1 个关键帧。

图 7-45

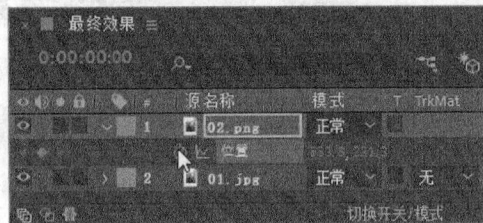

图 7-46

（6）将时间标签放置在 0:00:02:00 的位置，设置"位置"属性为（754.5,546.5），如图 7-47 所示，记录第 2 个关键帧。将时间标签放置在 0:00:04:24 的位置，设置"位置"属性为（854.9,156.0），如图 7-48 所示，记录第 3 个关键帧。

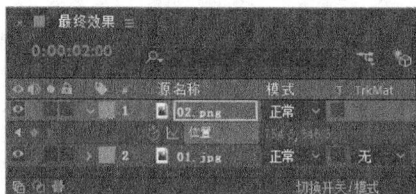
图 7-47

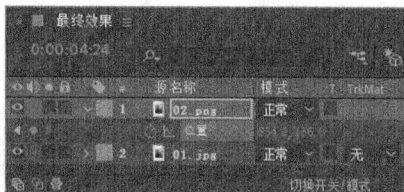
图 7-48

（7）将时间标签放置在 0:00:00:00 的位置，选中"01.jpg"图层，选择"效果 > 扭曲 > 球面化"命令，在"效果控件"面板中设置参数，如图 7-49 所示。"合成"面板中的效果如图 7-50所示。

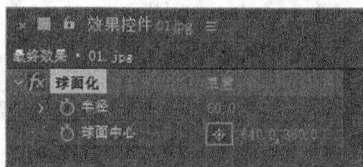
图 7-49

图 7-50

（8）在"时间轴"面板中，展开"球面化"属性组，选中"球面中心"属性，选择"动画 > 添加表达式"命令，为"球面中心"属性添加一个表达式。在"时间轴"面板右侧输入表达式代码thisComp.layer("02.png").position，如图 7-51 所示。

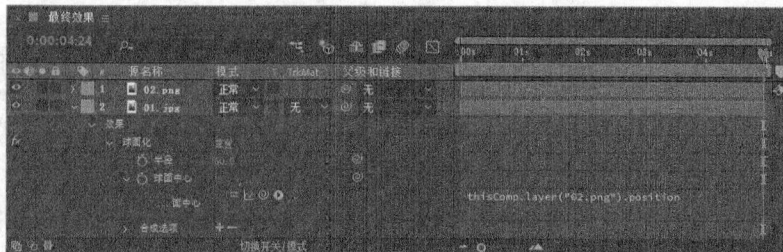
图 7-51

（9）放大镜效果制作完成，如图 7-52 所示。

图 7-52

7.2.2　创建表达式

在 "时间轴" 面板中选择一个需要添加表达式的控制属性，选择 "动画 > 添加表达式" 命令激活该属性，如图 7-53 所示。激活属性后，可以在该属性条中直接输入表达式以覆盖现有的文字，添加了表达式的属性会自动增加启用开关、显示图表、表达式拾取和语言菜单等工具，如图 7-54 所示。

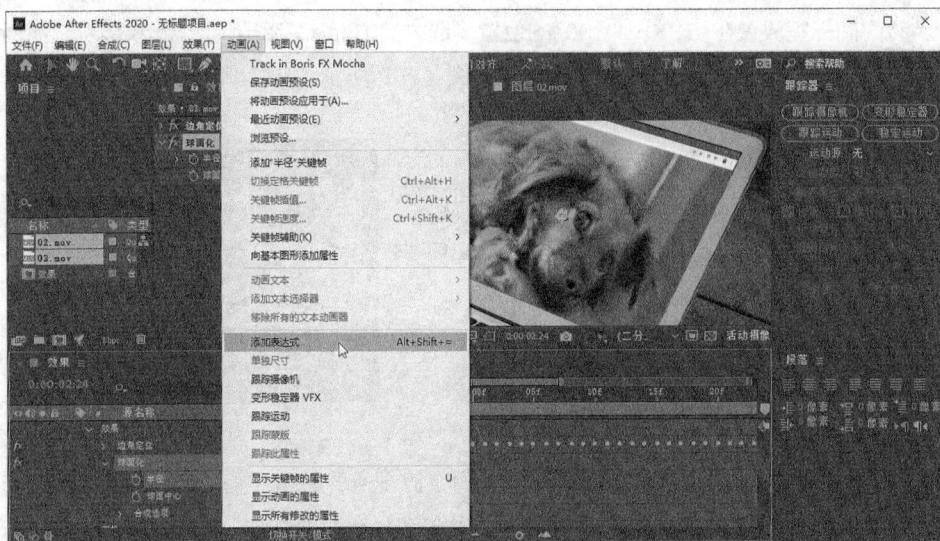

图 7-53

图 7-54

编写、添加表达式的操作都在 "时间轴" 面板中完成，当将一个图层属性的表达式添加到 "时间轴" 面板中时，一个默认的表达式就会出现在该属性下方的表达式编辑区中，在这个表达式编辑区中可以输入新的表达式或修改表达式。许多表达式依赖于图层名或属性名，如果改变一个表达式所在图层的属性名或图层名，那么这个表达式可能会出现错误。

7.2.3　编写表达式

可以在 "时间轴" 面板的表达式编辑区中直接编写表达式，也可以用其他文本工具编写表达式。在其他文本工具中编写好表达式后，将表达式复制粘贴到表达式编辑区中即可。在编写表达式时，可能需要用到一些 JavaScript 语法知识和数学基础知识。

编写表达式时需要注意以下事项：JavaScript 语句区分大小写；一段或一行代码后需要加 ";"，

使词间空格被忽略。

在 After Effects 中，可以用表达式语句访问属性值。访问属性值时，用"."将属性连接起来。例如，连接 Effect、masks、文字动画，可以用"()"符号。将图层 A 的 Opacity 属性连接到图层 B 的高斯模糊的 Blurriness 属性，可以在图层 A 的 Opacity 属性下面输入如下表达式。

thisComp.layer("layer B").effect("Gaussian Blur") ("Blurriness")

表达式的默认对象是表达式中对应的属性，接着是图层中内容的表达，因此没有必要指定属性。例如，在图层的"位置"属性上编写摆动表达式可以用如下两种方法。

wiggle(5,10)

position.wiggle(5,10)

表达式中可以包含图层及其属性。例如，将图层 B 的 Opacity 属性与图层 A 的 Position 属性相连的表达式如下。

thisComp.layer(layerA).position[0].wiggle(5,10)

为属性添加表达式后，可以连续对属性创建关键帧并进行编辑。创建或编辑的关键帧的值将在表达式以外的地方使用。当表达式存在时，可以用下面的方法创建关键帧，表达式仍将保持有效状态。

编写好表达式后，可以将它存储，以便将来复制粘贴。表达式是针对图层编写的，不允许简单地将表达式存储和装载到一个项目中。若要存储表达式以便用于其他项目，可能要添加注解或存储整个项目文件。

7.3 课堂练习——跟踪老鹰飞行

🔗 练习知识要点

使用"导入"命令导入视频文件；使用"跟踪器"命令设置单点跟踪。跟踪老鹰飞行效果如图 7-55 所示。

扫码观看
本案例视频

图 7-55

效果所在位置

云盘\Ch07\跟踪老鹰飞行\跟踪老鹰飞行.aep。

7.4 课后习题——跟踪对象运动

习题知识要点

使用"跟踪器"命令设置多点跟踪。跟踪对象运动效果如图 7-56 所示。

扫码查看
本案例视频

图 7-56

效果所在位置

云盘\Ch07\跟踪对象运动\跟踪对象运动.aep。

08 第8章
抠像

本章介绍 After Effects 的抠像功能，包括颜色差值键抠像、颜色键抠像、颜色范围抠像、差值遮罩抠像、提取抠像、内部/外部键抠像、线性颜色键抠像、亮度键抠像、高级溢出压制器抠像和外挂抠像等内容。通过对本章的学习，读者可以自如地应用抠像功能进行实际创作。

学习目标

● 了解抠像效果的应用
● 了解外挂抠像效果的应用

素养目标

● 培养能够准确观察和分析图像的能力
● 培养具有良好的手眼协调的能力
● 培养能够准确地抠图和处理各种细节的能力

8.1　"抠像"效果

"抠像"效果通过指定一种颜色，抠出与其近似的像素。此功能相对比较简单，对于拍摄质量好、背景比较简单的素材能得到不错的抠像效果，但是不适合处理背景复杂的抠像。

8.1.1　课堂案例——数码家电广告

案例学习目标

学会使用"颜色差值键"命令制作抠像效果。

案例知识要点

使用"颜色差值键"命令抠像，使用"位置"属性设置图片的位置，使用"不透明度"属性制作图片动画效果。数码家电广告效果如图 8-1 所示。

扫码观看
本案例视频

扫码查看
扩展案例

图 8-1

效果所在位置

云盘\Ch08\数码家电广告\数码家电广告. aep。

（1）按 Ctrl+N 组合键，弹出"合成设置"对话框，在"合成名称"文本框中输入"抠像"，其他设置如图 8-2 所示，单击"确定"按钮，创建一个新的合成。选择"文件 > 导入 > 文件"命令，弹出"导入文件"对话框，选择云盘中的"Ch08\数码家电广告\(Footage)\01.jpg、02.jpg"文件，单击"导入"按钮，导入图片。

（2）在"项目"面板中选中"02.jpg"文件并将其拖曳到"时间轴"面板中。"合成"面板中的效果如图 8-3 所示。

图 8-2

图 8-3

（3）选中"02.jpg"图层，选择"效果 > 抠像 > 颜色差值键"命令，选择"主色"属性右侧的"吸管工具" ，如图 8-4 所示，吸取背景素材上的蓝色。"合成"面板中的效果如图 8-5 所示。

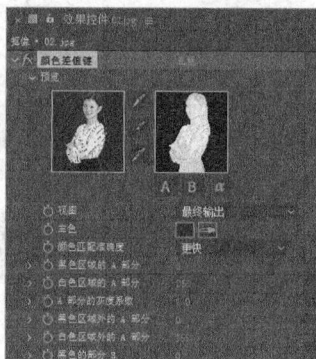

图 8-4

图 8-5

（4）在"效果控件"面板中设置参数，如图 8-6 所示。"合成"面板中的效果如图 8-7 所示。

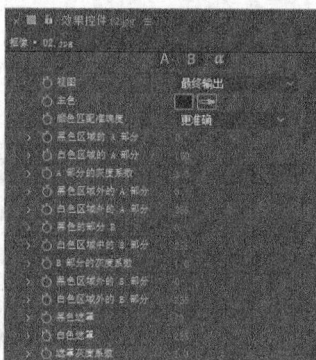

图 8-6

图 8-7

（5）按 Ctrl+N 组合键，弹出"合成设置"对话框，在"合成名称"文本框中输入"最终效果"，

其他设置如图 8-8 所示，单击"确定"按钮，创建一个新的合成。在"项目"面板中选择"01.jpg"文件和"抠像"合成，将它们拖曳到"时间轴"面板中，图层的排列顺序如图 8-9 所示。

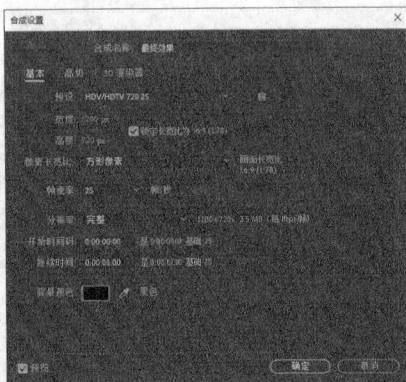

图 8-8

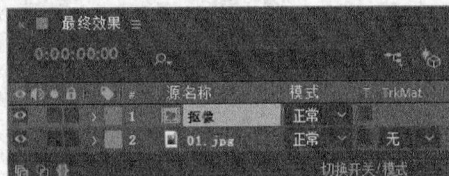

图 8-9

（6）选中"抠像"图层，按 P 键显示"位置"属性，设置"位置"属性为（989.0,360.0），如图 8-10 所示。"合成"面板中的效果如图 8-11 所示。

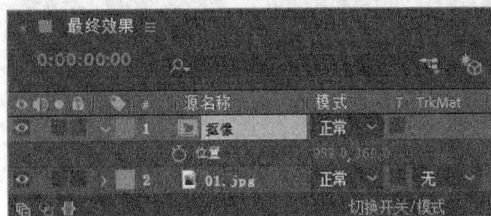

图 8-10

图 8-11

（7）将时间标签放置在 0:00:00:00 的位置，按 T 键显示"不透明度"属性，设置"不透明度"属性为 0%，单击"不透明度"属性左侧的"关键帧自动记录器"按钮，如图 8-12 所示，记录第 1 个关键帧。

（8）将时间标签放置在 0:00:00:02 的位置，在"时间轴"面板中设置"不透明度"属性为 100%，如图 8-13 所示，记录第 2 个关键帧。

图 8-12

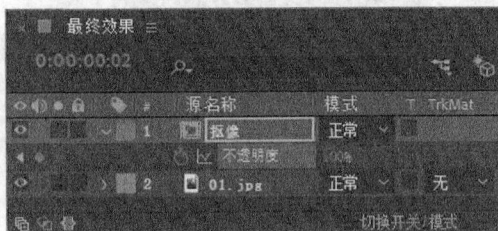

图 8-13

（9）将时间标签放置在 0:00:00:04 的位置，在"时间轴"面板中设置"不透明度"属性为 0%，如图 8-14 所示，记录第 3 个关键帧。将时间标签放置在 0:00:00:06 的位置，在"时间轴"面板中设置"不透明度"属性为 100%，如图 8-15 所示，记录第 4 个关键帧。数码家电广告效果制作完成。

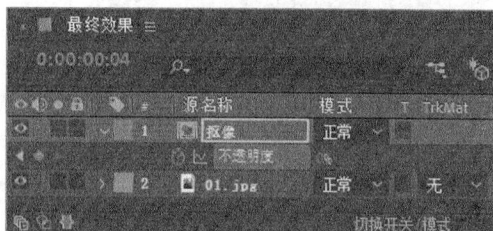

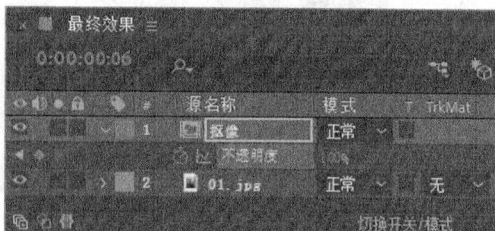

图 8-14   图 8-15

8.1.2 颜色差值键

使用"颜色差值键"效果可以把图像划分为两个蒙版透明效果。局部蒙版 B 使指定的抠像颜色变透明，局部蒙版 A 使图像中不包含第二种不同颜色的区域变透明。这两种蒙版效果联合起来就可以得到最终的第三种蒙版效果，即背景变透明。

"颜色差值键"效果的左侧缩略图表示原始图像，右侧缩略图表示蒙版效果，"吸管工具" ▨ 用于在原始图像缩略图中拾取抠像的颜色，"吸管工具" ▨ 用于在蒙版缩略图中拾取透明区域的颜色，"吸管工具" ▨ 用于在蒙版缩略图中拾取不透明区域的颜色，如图 8-16 所示。

图 8-16

视图：指定"合成"面板中显示的合成效果。

主色：使用"吸管工具" ▨ 拾取透明区域的颜色。

颜色匹配精准度：用于控制匹配颜色的精确度。屏幕不包含主色调会得到较好的效果。

蒙版控制：调整通道中"黑色遮罩""白色遮罩""遮罩灰度系数"的值，修改图像蒙版的不透明度。

8.1.3 颜色键

使用"颜色键"效果可抠出与指定的主色相似的图像像素。"颜色键"效果的相关属性如图 8-17 所示。

图 8-17

主色：使用"吸管工具" 拾取透明区域的颜色。

颜色容差：用于调节与抠像颜色匹配的颜色范围。数值越高，抠取的颜色范围就越大；数值越低，抠取的颜色范围就越小。

薄化边缘：降低所选区域边缘的像素值。

羽化边缘：设置抠像区域的边缘，以产生柔和羽化效果。

8.1.4　颜色范围

使用"颜色范围"效果可以去除 Lab、YUV 和 RGB 模式中指定的颜色范围来创建透明效果。用户可以对由多种颜色组成的图像，如光照不均匀并且包含同种颜色阴影的蓝色或绿色图像应用该效果，如图 8-18 所示。

图 8-18

模糊：设置选区边缘的模糊量。

色彩空间：设置颜色之间的距离，有 Lab、YUV、RGB 3 种选项，每种选项对颜色的不同变化有不同的反映。

最大值/最小值：对图层的透明区域进行微调。

8.1.5　差值遮罩

使用"差值遮罩"效果可以对比源图层和对比图层的颜色值，将源图层中与对比图层颜色相同的像素删除，从而创建透明效果。该效果的典型应用是将一个复杂背景中的运动物体合成到其他场景中，通常情况下，对比图层采用源图层的背景图像。该效果的相关属性如图 8-19 所示。

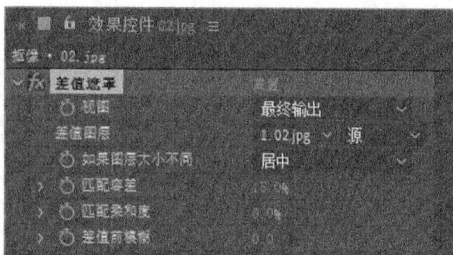

图 8-19

差值图层：设置作为对比图层的图层。

如果图层大小不同：设置对比图层与源图层的匹配方式，有居中和拉伸以适合两种方式。

差值前模糊：细微模糊两个控制图层中的颜色噪点。

8.1.6 提取

"提取"效果通过指定图像的亮度范围来创建透明效果。图像中所有与指定的亮度相似的像素都将被删除。该效果可以应用在黑色或白色背景的图像，或者包含多种颜色的黑暗或明亮的背景图像，还可以用来删除影片中的阴影，如图 8-20 所示。

图 8-20

8.1.7 内部/外部键

"内部/外部键"效果通过图层的蒙版路径来确定要抠出的物体边缘，从而把前景物体从它的背景中抠出来。利用该效果可以将具有不规则边缘的物体从它的背景中分离出来，这里使用的蒙版路径可以十分粗略，不一定正好在物体的边缘处，如图 8-21 所示。

图 8-21

8.1.8 线性颜色键

"线性颜色键"效果既可以用来抠像，又可以用来保护不应删除的颜色区域，避免误删除，其相关属性如图 8-22 所示。如果从图像中抠出的物体包含被抠像颜色，则对其进行抠像时，这些区域可能也会变成透明区域，这时为图像应用该效果，然后设置"主要操作"为"保持颜色"，可找回不该删除的部分。

图 8-22

8.1.9 亮度键

"亮度键"效果是根据图层的亮度对图像进行抠像处理，可以将图像中具有指定亮度的所有像素都删除，从而创建透明效果，且图像质量不会影响抠像效果。其相关属性如图 8-23 所示。

键控类型：包括抠出较亮区域、抠出较暗区域、抠出亮度相似的区域和抠出亮度不同的区域等抠像类型。

阈值：设置抠像亮度的极限值。

容差：指定接近抠像极限值的像素值，该数值会直接影响抠像区域。

图 8-23

8.1.10 高级溢出抑制器

使用"高级溢出抑制器"效果可以去除键控后图像上残留的键控色的痕迹，消除图像边缘溢出的键控色，这些溢出的键控色常常是背景的反射造成的，如图 8-24 所示。

图 8-24

8.2 外挂抠像插件

根据设计和制作任务的需要，可以将外挂抠像插件安装在计算机中。安装后，可以使用功能强大的外挂抠像插件。例如，Keylight（1.2）插件是为专业的高端电影开发的抠像软件，用于精细地去除影像中任何一种指定的颜色。

8.2.1 课堂案例——旅游广告

案例学习目标

学习使用外挂抠像插件制作旅游广告。

案例知识要点

使用"位置"属性制作位移动画效果，使用"Keylight"命令修复图片。旅游广告效果如图 8-25所示。

图 8-25

扫码观看
本案例视频

扫码查看
扩展案例

效果所在位置

云盘\Ch08\旅游广告\旅游广告.aep。

（1）按 Ctrl+N 组合键，弹出"合成设置"对话框，在"合成名称"文本框中输入"最终效果"，

其他设置如图 8-26 所示，单击"确定"按钮，创建一个新的合成。

（2）选择"文件 > 导入 > 文件"命令，在弹出的"导入文件"对话框中选择云盘中的"Ch08\
复杂抠像 \(Footage)\ 01.jpg、02.jpg"文件，单击"导入"按钮，将图片导入"项目"面板中，如
图 8-27 所示。

图 8-26

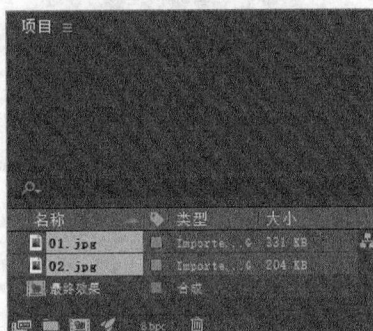

图 8-27

（3）在"项目"面板中选中"01.jpg"和"02.jpg"文件，将它们拖曳到"时间轴"面板中，如
图 8-28 所示。"合成"面板中的效果如图 8-29 所示。

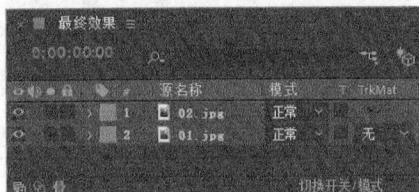

图 8-28

图 8-29

（4）选中"02.jpg"图层，选择"效果 > Keylight > Keylight(1.2)"命令，在"效果控件"面
板中选择"Screen Colour"属性右侧的"吸管工具" ■，如图 8-30 所示，在"合成"面板中的蓝
色背景上单击吸取颜色，效果如图 8-31 所示。

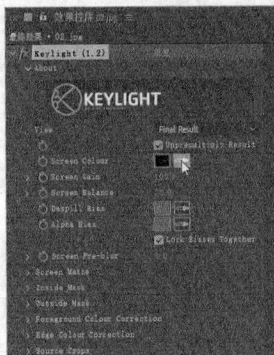

图 8-30

图 8-31

（5）选中"02.jpg"图层，按 P 键显示"位置"属性，设置"位置"属性为（206.0,360.0），如图 8-32 所示。"合成"面板中的效果如图 8-33 所示。

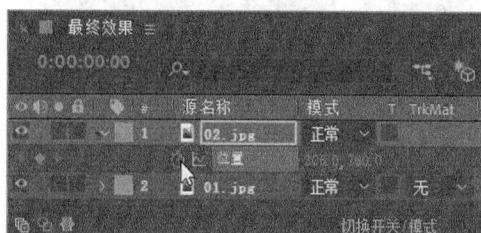

图 8-32

图 8-33

（6）将时间标签放置在 0:00:00:00 的位置，单击"位置"属性左侧的"关键帧自动记录器"按钮，如图 8-34 所示，记录第 1 个关键帧。将时间标签放置在 0:00:00:10 的位置，设置"位置"属性为（640.0,360.0），如图 8-35 所示，记录第 2 个关键帧。

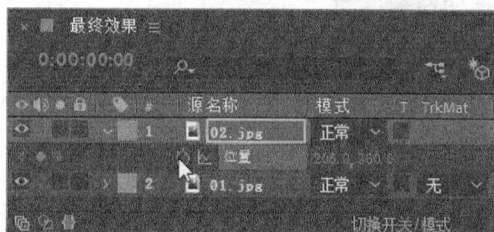

图 8-34

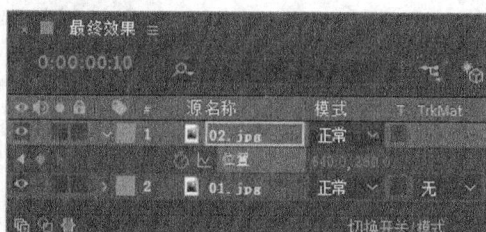

图 8-35

（7）旅游广告效果制作完成，如图 8-36 所示。

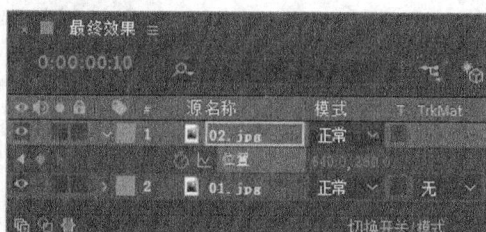

图 8-36

8.2.2　Keylight(1.2)

"抠像"一词是从早期电视制作中得来的，英文为"Keylight"，意思是吸取画面中的某一种颜色将它从画面中删除，从而使背景透出来，形成两层画面的叠加合成。这样经抠像处理后的对象就可以与各种景物叠加在一起，形成各种奇特效果，如图 8-37 所示。

图 8-37

Keylight（1.2）是自 After Effects CS4 版本后新增的一个抠像插件，通过对不同属性进行设置，可以对图像进行精细的抠像处理，如图 8-38 所示。

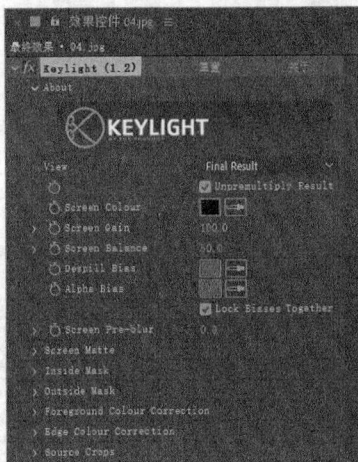

图 8-38

View（视图）：设置抠像时显示的视图。

Unpremultiply Result（非预乘结果）：勾选此复选框，表示不显示图像的 Alpha 通道，不勾选则显示图像的 Alpha 通道。

Screen Colour（屏幕颜色）：设置要抠除的颜色，也可以选择该属性右侧的"吸管工具" 🔧，直接吸取要抠除的颜色。

Screen Gain（屏幕增益）：设置抠像后 Alpha 通道中的暗部区域细节。

Screen Balance（屏幕平衡）：设置抠除颜色的平衡。

Despill Bias（去除溢色偏移）：设置抠除区域的颜色恢复程度。

Alpha Bias（偏移）：设置抠除 Alpha 通道中的颜色恢复程度。

Lock Biases Together（锁定所有偏移）：勾选此复选框，可以设置抠除的偏差值。

Screen Pre-blur（屏幕预模糊）：设置抠除部分边缘的模糊效果，比较适合有明显噪点的图像。

Screen Matte（屏幕蒙版）：设置抠除区域影像的属性。

Inside Mask（内部蒙版）：设置抠像时为图像添加内侧蒙版属性。

Outside Mask（外部蒙版）：设置抠像时为图像添加外侧蒙版属性

Foreground Colour Correction（前景颜色校正）：设置蒙版影像的色彩属性。

Edge Colour Correction（边缘颜色校正）：设置抠除区域的边缘属性。

Source Crops（源裁剪）：设置裁剪影像的属性。

8.3 课堂练习——洗衣机广告

练习知识要点

使用"颜色键"命令去除图片背景，使用"投影"命令为图片添加投影，使用"位置"属性改变图片位置。洗衣机广告效果如图 8-39 所示。

扫码观看
本案例视频

图 8-39

效果所在位置

云盘\Ch08\洗衣机广告\洗衣机广告.aep。

8.4 课后习题——运动鞋广告

习题知识要点

使用"Keylight"命令抠像，使用"缩放"属性和"不透明度"属性制作运动鞋动画。运动鞋广告效果如图 8-40 所示。

扫码观看
本案例视频

图 8-40

效果所在位置

云盘\Ch08\运动鞋广告\运动鞋广告.aep。

09

第9章
声音效果

本章介绍声音的导入和如何为声音添加效果，包括声音的导入与监听、声音长度的缩放、声音的淡入与淡出、声音的倒放、低音和高音、声音的延迟、变调与合声等内容。读者对通过本章的学习，可以掌握如何使用 After Effects 制作声音效果。

学习目标

● 了解将声音导入影片的方法
● 掌握为声音添加效果的方法

素养目标

● 培养了解不同声效对视频的情感和氛围产生不同影响的能力
● 培养能够掌握在不同时间段添加音效并使其与视频内容相适配的能力
● 培养对音效质量准确把控，确保视听效果的能力

9.1 将声音导入影片

声音是影片的"引导者"，没有声音的影片无论多么精彩，都不会使观众陶醉。下面介绍把声音导入影片及设置动态音量的方法。

9.1.1 课堂案例——为视频添加背景音乐

案例学习目标

学会为影片添加声音并编辑声音属性。

案例知识要点

使用"导入"命令导入声音、视频文件，使用"音频电平"属性制作背景音乐。为视频添加背景音乐的效果如图 9-1 所示。

扫码观看
本案例视频

扫码查看
扩展案例

图 9-1

效果所在位置

云盘\Ch09\为视频添加背景音乐\为视频添加背景音乐. aep。

（1）按 Ctrl+N 组合键，弹出"合成设置"对话框，在"合成名称"文本框中输入"最终效果"，其他设置如图 9-2 所示，单击"确定"按钮，创建一个新的合成。

（2）选择"文件 > 导入 > 文件"命令，弹出"导入文件"对话框，选择云盘中的"Ch09\为视频添加背景音乐\(Footage)\01.mp4、02.mp3 文件，单击"导入"按钮，将视频和声音导入"项目"面板中，如图 9-3 所示。

图 9-2

图 9-3

（3）在"项目"面板中选中"01.mp4"和"02.mp3"文件，将它们拖曳到"时间轴"面板中。图层的排列顺序如图 9-4 所示。"合成"面板中的效果如图 9-5 所示。

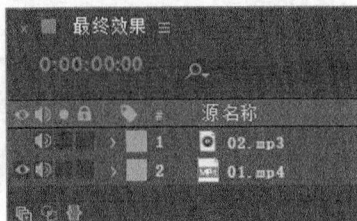

图 9-4

图 9-5

（4）将时间标签放置在 0:00:10:00 的位置，选中"02.mp3"图层，展开"音频"属性组，如图 9-6 所示。在"时间轴"面板中，单击"音频电平"属性左侧的"关键帧自动记录器"按钮，记录第 1 个关键帧，如图 9-7 所示。

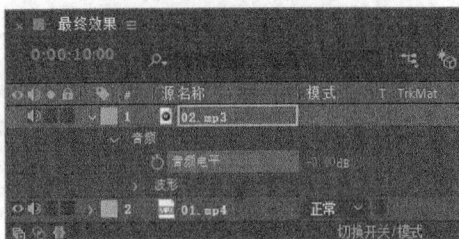

图 9-6

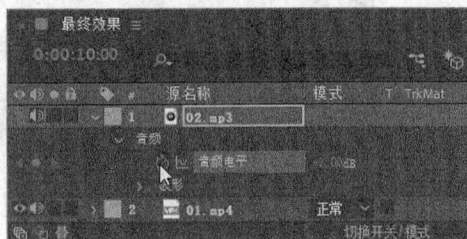

图 9-7

（5）将时间标签放置在 0:00:11:24 的位置，如图 9-8 所示。在"时间轴"面板中，设置"音频电平"属性为-30.00，如图 9-9 所示，记录第 2 个关键帧。

完成为视频添加背景音乐的操作。

图 9-8

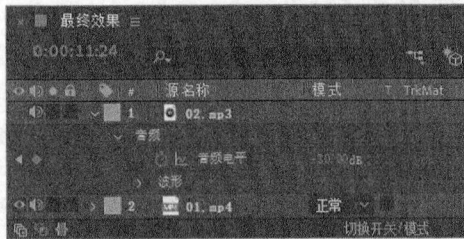

图 9-9

9.1.2　声音的导入与监听

启动 After Effects，选择"文件 > 导入 > 文件"命令，在弹出的"导入文件"对话框中选择云盘中的"基础素材\Ch09\01.mp4"文件，单击"导入"按钮导入文件。在"项目"面板中选中该素材，"项目"面板中出现了声波图形，如图 9-10 所示。这说明该视频素材带有声音。从"项目"面板中将"01.mp4"文件拖曳到"时间轴"面板中。

选择"窗口 > 预览"命令，或按 Ctrl+3 组合键，在弹出的"预览"面板中确定 按钮处于选择状态，如图 9-11 所示。在"时间轴"面板中同样确定 按钮处于选择状态，如图 9-12 所示。

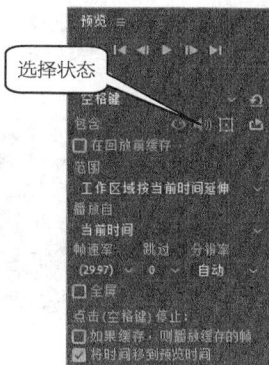

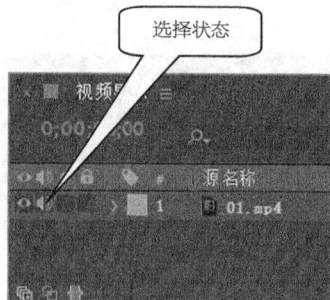

图 9-10　　　　　　　　　　图 9-11　　　　　　　　　　图 9-12

按 0 键即可监听影片中的声音，在按住 Ctrl 键的同时拖曳时间标签，可以实时听到当前时间标签处的音频。

选择"窗口 > 音频"命令，或按 Ctrl+4 组合键，弹出"音频"面板，在该面板中拖曳滑块可以调整声音素材的总音量或分别调整左右声道的音量，如图 9-13 所示。

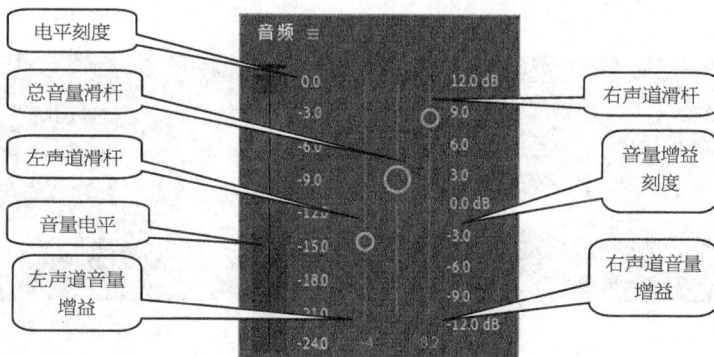

图 9-13

在"时间轴"面板中展开"波形"属性组，可显示声音的波形，调整"音频电平"属性右侧的参数可以调整音量的大小，如图 9-14 所示。

图 9-14

9.1.3 声音长度的调整

在"时间轴"面板底部单击 ▦ 按钮，将控制区域完全显示出来。在"持续时间"列中可以设置声音的长度，在"伸缩"列中可以设置播放时长与素材原始时长的百分比，如图 9-15 所示。例如，将"伸缩"设置为 200.0% 后，声音的实际播放时长是素材原始时长的 2 倍。但设置"持续时间"和"伸缩"缩短或延长声音的播放长度后，声音播放速度也会发生变化。

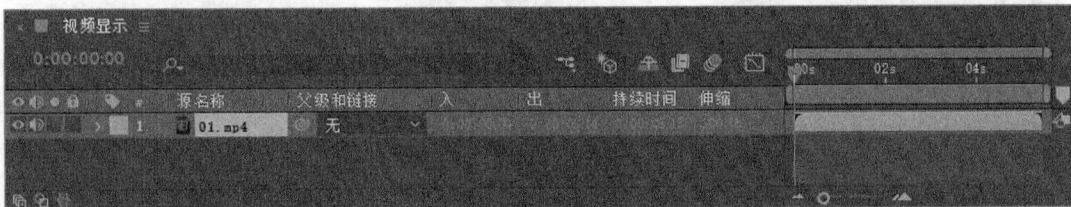

图 9-15

9.1.4 声音的淡入与淡出

将时间标签拖曳到起始帧位置，在"音频电平"属性左侧单击"关键帧自动记录器"按钮 ⏱，添加关键帧。设置"音频电平"为 -100.00；拖曳时间标签到 0:00:00:20 的位置，设置"音频电平"为 0.00。"时间轴"面板上增加了两个关键帧，如图 9-16 所示。此时按住 Ctrl 键的同时拖曳时间标签，可以听到声音由小变大的淡入效果。

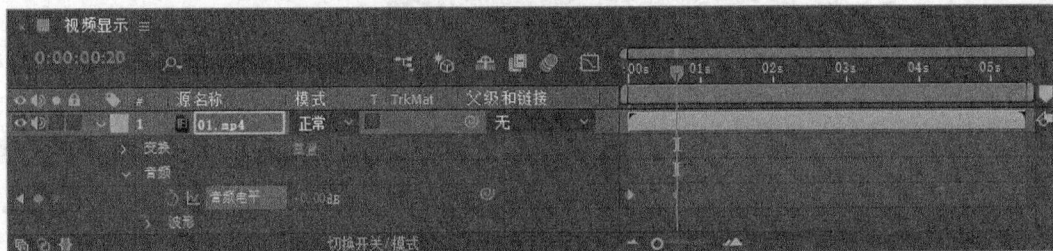

图 9-16

拖曳时间标签到 0:00:05:14 的位置，单击"时间轴"面板中"音频电平"属性左侧的"在当前时间添加或移除关键帧"按钮 ◆；拖曳时间标签到结束帧，设置"音频电平"为 -100.00。"时间轴"面板如图 9-17 所示。按住 Ctrl 键的同时拖曳时间标签，可以听到声音的淡出效果。

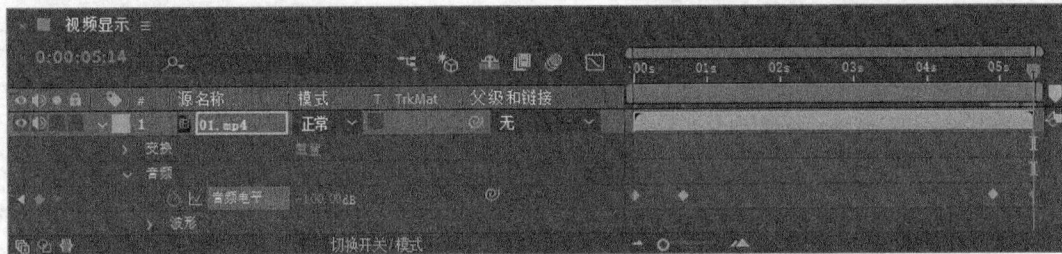

图 9-17

9.2 为声音添加效果

为声音添加效果就像为视频添加效果一样，只要在菜单栏中选择相应的命令并调整相关属性就可以了。

9.2.1 课堂案例——为影片添加声音效果

案例学习目标

学会为声音添加效果。

案例知识要点

使用"导入"命令导入声音、视频文件，使用"音频电平"属性制作背景音乐。为影片添加声音的效果如图 9-18 所示。

扫码观看   扫码查看
本案例视频   扩展案例

图 9-18

效果所在位置

云盘\Ch09\为影片添加声音效果\为影片添加声音效果.aep。

（1）按 Ctrl+N 组合键，弹出"合成设置"对话框，在"合成名称"文本框中输入"最终效果"，其他设置如图 9-19 所示，单击"确定"按钮，创建一个新的合成。

（2）选择"文件 > 导入 > 文件"命令，在弹出的"导入文件"对话框中，选择云盘中的"Ch09\为影片添加声音效果\(Footage)\ 01.avi、02.wav"文件，单击"导入"按钮，导入视频和声音文件，将它们拖曳到"时间轴"面板中，图层的排列顺序如图 9-20 所示。

图 9-19

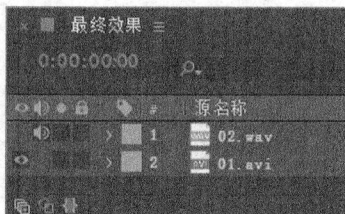

图 9-20

（3）选中"01.avi"图层，按 S 键显示"缩放"属性，设置"缩放"属性为（73.0,73.0%），如图 9-21 所示。"合成"面板中的效果如图 9-22 所示。

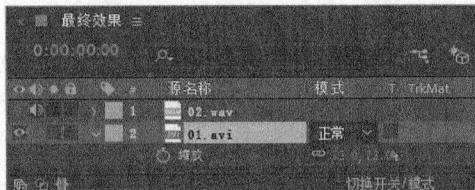

图 9-21

图 9-22

（4）选中"02.wav"图层，展开"音频"属性组，将时间标签放置在 0:00:06:00 的位置，单击"音频电平"属性左侧的"关键帧自动记录器"按钮，记录第 1 个关键帧，如图 9-23 所示。将时间标签放置在 0:00:07:00 的位置，设置"音频电平"属性为+10.00，如图 9-24 所示。

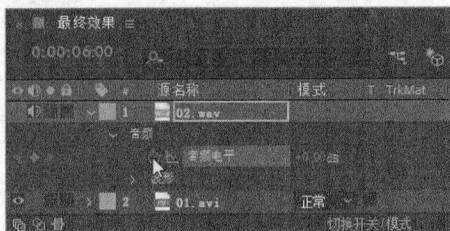

图 9-23

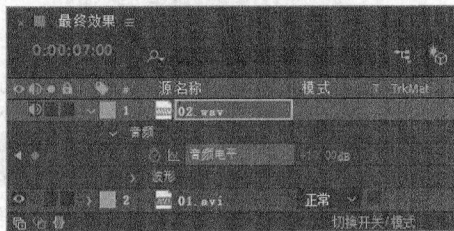

图 9-24

（5）选择"效果 > 音频 > 倒放"命令，在"效果控件"面板中设置相关参数，如图 9-25 所示。选择"效果 > 音频 > 高通/低通"命令，在"效果控件"面板中设置相关参数，如图 9-26 所示。完成为影片添加声音效果的操作。

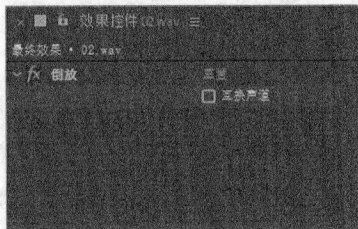

图 9-25

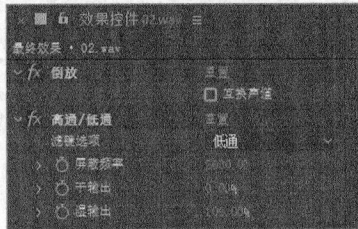

图 9-26

9.2.2 倒放

选择"效果 > 音频 > 倒放"命令，即可将"倒放"效果添加到"效果控件"面板中，如图 9-27 所示。该效果可以倒放音频素材，即从最后一帧向第一帧播放。勾选"互换声道"复选框可以交换左、右声道中的音频。

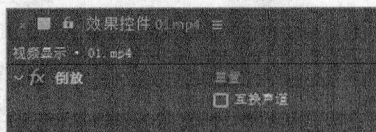

图 9-27

9.2.3　低音和高音

选择"效果 > 音频 > 低音和高音"命令，即可将"低音和高音"效果添加到"效果控件"面板中，如图 9-28 所示。拖曳"低音"或"高音"滑块可以增大或减小音频中低音或高音的音量。

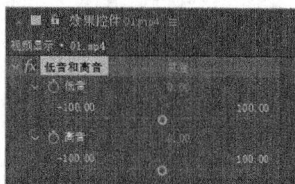

图 9-28

9.2.4　延迟

选择"效果 > 音频 > 延迟"命令，即可将"延迟"效果添加到"效果控件"面板中，如图 9-29 所示。它通过将声音素材进行多层延迟来模仿回声效果，例如，模仿室内的回声或山谷中的回声。"延迟时间（毫秒）"属性用于设置原始声音与其回声的时间间隔，单位为 ms。"延迟量"属性用于设置延迟音频的音量。"反馈"属性用于设置由回声产生的后续回声的音量。"干输出"属性用于设置声音素材的电平。"湿输出"属性用于设置最终输出声波的电平。

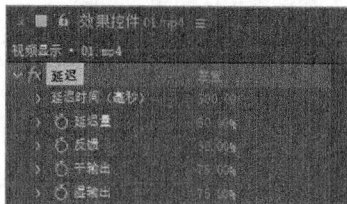

图 9-29

9.2.5　变调与合声

选择"效果 > 音频 > 变调与合声"命令，即可将"变调与合声"效果添加到"效果控件"面板中。"变调与合声"效果的工作原理是将声音素材的一个复制文件稍做延迟后与原声音混合，从而让某些频率的声波产生叠加或相减效果。这在物理学中被称为"梳状滤波"，它会产生一种"干瘪"的声音效果。该效果在电吉他独奏中经常应用，混入多个延迟的复制声音后，会产生乐器的"合声"效果。

该效果的相关属性如图 9-30 所示。"语音分离时间（ms）"属性用于设置延迟的复制声音的数量，增大此值将使卷边效果减弱并使合唱效果增强。"语音"属性用于设置复制声音的混合深度。"调制速率"属性用于设置复制声音相位的变化程度。语音相变"用于设置后续语音之间的调制相位差。"反转相位"用于反转经过处理的（湿）音频的相位，强调更多高频；不反转相位将强调更多低频。"立体声"用于设置将语音交替分配到两个通道之一，以使第一个语音出现在左边的通道中，第二个语音出现在右边的通道中，第三个语音出现在左边的通道中，依此类推"干输出""湿输出"属性用于设置最终输出中的原始（干）声音量和延迟（湿）声音量。

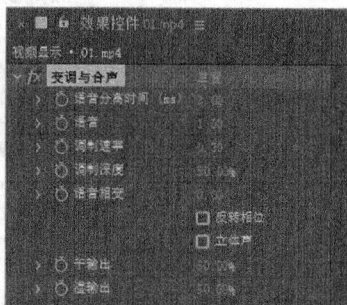

图 9-30

9.2.6　高通/低通

选择"效果 > 音频 > 高通/低通"命令，即可将"高通/低通"效果添加到"效果控件"面板中，如图 9-31 所示。该效果只允许特定的频率通过，通常用于滤去低频率或高频率的噪声，如电流声等。在"滤镜选项"属性中可以选择"高通"

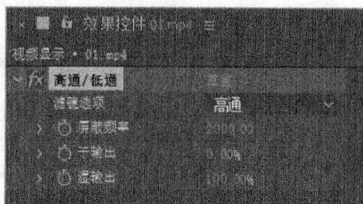

图 9-31

或"低通"方式。"屏蔽频率"属性用于设置滤波器的分界频率，选择"高通"方式滤波时，低于该频率的声音会被滤除；选择"低通"方式滤波时，高于该频率的声音会被滤除。"干输出""湿输出"属性用于设置最终输出中的原始（干）声音量和延迟（湿）声音量。

9.2.7   调制器

选择"效果 > 音频 > 调制器"命令，即可将"调制器"效果添加到"效果控件"面板中。该效果可以为声音素材加入颤音效果。该效果的相关属性如图 9-32 所示。"调制类型"属性用于选择颤音的波形。"调制速率"属性以 Hz 为单位设置颤音的频率。"调制深度"属性以调制频率的百分比为单位设置颤音频率的变化范围。"振幅变调"属性用于设置颤音的强弱。

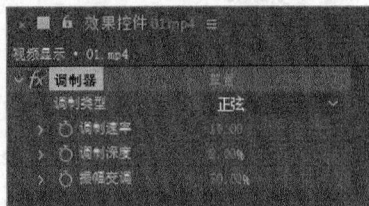

图 9-32

9.3   课堂练习——为旅行影片添加背景音乐

🔗 练习知识要点

使用"导入"命令导入视频与音乐文件，使用"缩放"属性缩放视频，使用"音频电平"属性制作背景音乐。为旅行影片添加背景音乐的效果如图 9-33 所示。

图 9-33

扫码观看
本案例视频

◎ 效果所在位置

云盘\Ch09\为旅行影片添加背景音乐\为旅行影片添加背景音乐.aep。

9.4   课后习题——为城市短片添加背景音乐

🔗 习题知识要点

使用"导入"命令导入视频和音乐文件，使用"低音和高音"命令和"变调与合声"命令编辑音乐文件。为城市短片添加背景音乐的效果如图 9-34 所示。

扫码观看
本案例视频

图 9-34

◉ 效果所在位置

云盘\Ch09\为城市短片添加背景音乐\为城市短片添加背景音乐. aep。

10

第 10 章
三维合成效果

随着版本的升级，After Effects 在三维立体空间中创建合成与动画的功能越来越强大。在具有深度的三维空间中，可以丰富图层的运动样式，创建逼真的灯光、阴影、材质效果和摄像机运动效果。读者通过对本章的学习，可以掌握制作三维合成效果的方法和技巧。

学习目标

- 了解三维合成的创建方法
- 了解灯光和摄像机的添加方法

素养目标

- 培养对效果构图、色彩和细节具有敏感感知的能力
- 培养能够准确地把控和处理各种细节的能力
- 培养能够增加自信感和满足感，并激励自己继续学习和实践的能力

10.1 三维合成

After Effects 可以在三维空间中显示图层，将二维图层转换为三维图层时，After Effects 会添加一个 z 轴控制该图层的深度。z 轴的值增大时，该图层在空间中移动到更远处；z 轴的值减小时，则会更近。

10.1.1 课堂案例——特卖广告

案例学习目标

学会使用三维合成制作特卖广告。

案例知识要点

使用"导入"命令导入图片，使用"3D 图层"按钮 制作三维效果，使用"位置"属性制作人物出场动画，使用"Y 轴旋转"属性和"缩放"属性制作标牌出场动画。特卖广告效果如图 10-1 所示。

扫码观看
本案例视频

扫码查看
扩展案例

图 10-1

效果所在位置

云盘\Ch10\特卖广告\特卖广告.aep。

（1）按 Ctrl+N 组合键，弹出"合成设置"对话框，在"合成名称"文本框中输入"最终效果"，其他设置如图 10-2 所示，单击"确定"按钮，创建一个新的合成。

（2）选择"图层 > 新建 > 纯色"命令，弹出"纯色设置"对话框，在"名称"文本框中输入"底图"，设置"颜色"为淡黄色（其 R、G、B 的值分别为 255、237、46），其他设置如图 10-3 所示，单击"确定"按钮，创建一个新的纯色图层，如图 10-4 所示。

（3）选择"文件 > 导入 > 文件"命令，弹出"导入文件"对话框，选择云盘中的"Ch10 \特卖广告\(Footage)\01.png、02.png"文件，单击"导入"按钮，将文件导入"项目"面板。

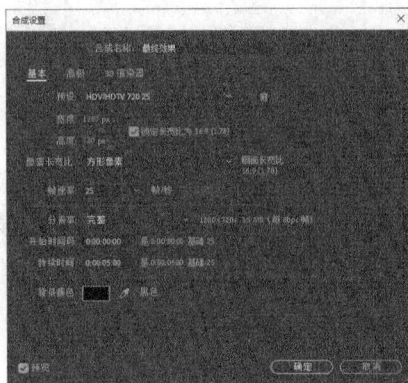

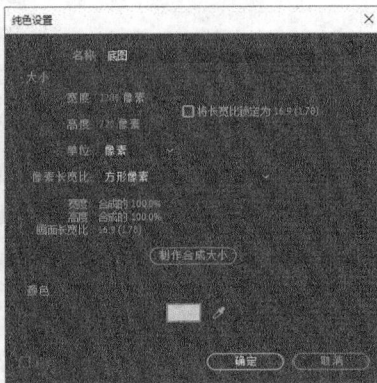

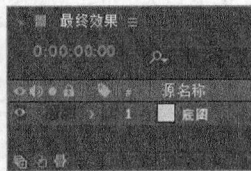

图 10-2   图 10-3   图 10-4

（4）在"项目"面板中选中"01.png"文件，将其拖曳到"时间轴"面板中，如图 10-5 所示。按 P 键显示"位置"属性，设置"位置"属性为（-289.0，458.5），如图 10-6 所示。

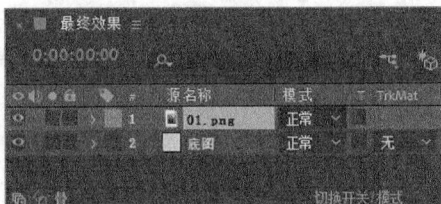

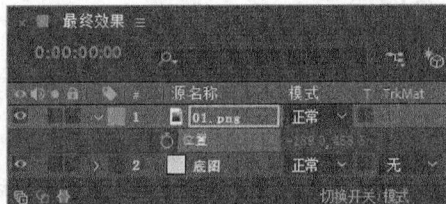

图 10-5   图 10-6

（5）保持时间标签在 0:00:00:00 的位置，单击"位置"属性左侧的"关键帧自动记录器"按钮，如图 10-7 所示，记录第 1 个关键帧。将时间标签放置在 0:00:01:00 的位置，设置"位置"属性为（285.0，458.5），如图 10-8 所示，记录第 2 个关键帧。

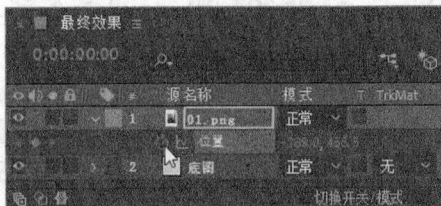

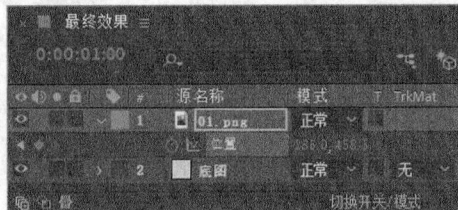

图 10-7   图 10-8

（6）在"项目"面板中选中"02.png"文件，将其拖曳到"时间轴"面板中，按 P 键显示"位置"属性，设置"位置"属性为（957.0，363.0），如图 10-9 所示。"合成"面板中的效果如图 10-10 所示。

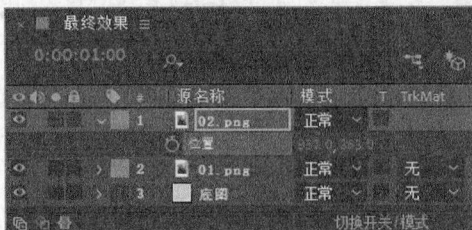

图 10-9   图 10-10

（7）单击"02.png"图层右侧的"3D 图层"按钮，打开三维属性，如图 10-11 所示。保持时间标签在 0:00:01:00 的位置，单击"Y 轴旋转"属性左侧的"关键帧自动记录器"按钮，如图 10-12 所示，记录第 1 个关键帧。将时间标签放置在 0:00:02:00 的位置，设置"Y 轴旋转"属性为（2x+0.0°），如图 10-13 所示，记录第 2 个关键帧。

图 10-11

图 10-12

图 10-13

（8）将时间标签放置在 0:00:00:00 的位置，选中"02.png"图层，按 S 键显示"缩放"属性，设置"缩放"属性为（0.0,0.0,0.0%），单击"缩放"属性左侧的"关键帧自动记录器"按钮，如图 10-14 所示，记录第 1 个关键帧。将时间标签放置在 0:00:01:00 的位置，设置"缩放"属性为（100.0,100.0,100.0%），如图 10-15 所示，记录第 2 个关键帧。

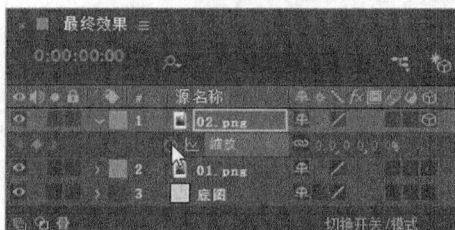

图 10-14

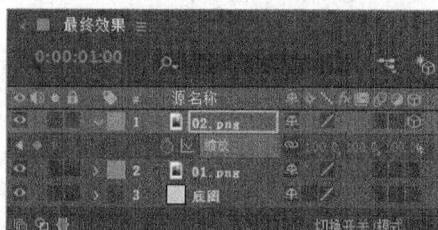

图 10-15

（9）将时间标签放置在 0:00:02:00 的位置，在"时间轴"面板中，单击"缩放"属性左侧的"在当前时间添加或移除关键帧"按钮，如图 10-16 所示，记录第 3 个关键帧。将时间标签放置在 0:00:04:24 的位置，设置"缩放"属性为（110.0,110.0,110.0%），如图 10-17 所示，记录第 4 个关键帧。

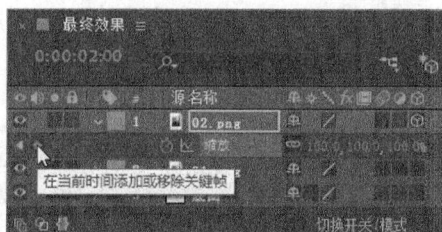

图 10-16

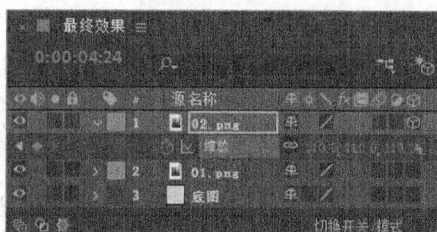

图 10-17

（10）特卖广告效果制作完成，如图 10-18 所示。

图 10-18

10.1.2　将二维图层转换成三维图层

除了声音图层以外，所有素材图层都可以转换为三维图层。将一个普通的二维图层转换为三维图层非常简单，只需要在"时间轴"面板的图层右侧单击"3D 图层"按钮 即可。在"变换"属性组中，无论是"锚点"属性、"位置"属性、"缩放"属性、"方向"属性，还是不同方向的"旋转"属性，都出现了 z 轴参数，另外还添加了一个"材质选项"属性组，如图 10-19 所示。

设置"Y 轴旋转"属性为（0_x+45°），"合成"面板中的效果如图 10-20 所示。

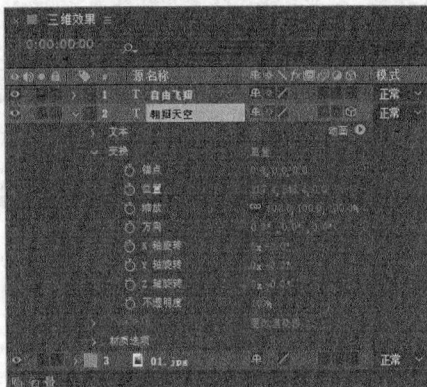

图 10-19

图 10-20

如果要将三维图层变回二维图层，只需要在"时间轴"面板中再次单击图层右侧的"3D 图层"按钮 即可，三维图层中的 z 轴参数和"材质选项"属性组将丢失。

> **提示**
>
> 虽然很多效果可以模拟三维空间效果（如"效果 > 扭曲 > 凸出"），不过这些效果都是二维的，也就是说，即使应用这些效果于三维图层，它们也只是模拟三维效果，而不会对三维图层产生任何影响。

10.1.3　调整三维图层的"位置"属性

三维图层的"位置"属性由 x、y、z 3 个轴向上的参数控制，如图 10-21 所示。

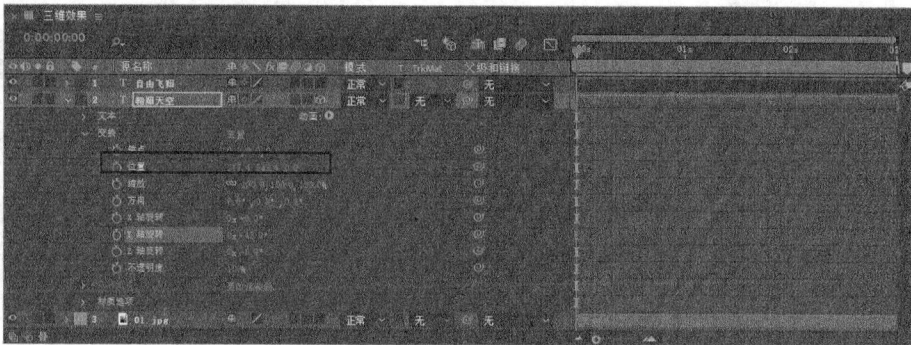

图 10-21

（1）打开 After Effects，选择"文件 > 打开项目"命令，选择云盘中的"基础素材\Ch10\三维图层.aep"文件，单击"打开"按钮打开此文件。

（2）在"时间轴"面板中选择某个三维图层、摄像机图层或者灯光图层，被选择的图层的坐标轴将会显示出来，其中红色代表 x 轴、绿色代表 y 轴、蓝色代表 z 轴。

（3）在工具栏中，选择"选取工具" ，在"合成"面板中将鼠标指针停留在各个轴上，观察鼠标指针的变化。当鼠标指针变成 $_x$ 形状时，代表移动锁定在 x 轴上；当鼠标指针变成 $_y$ 形状时，代表移动锁定在 y 轴上；当鼠标指针变成 $_z$ 形状时，代表移动锁定在 z 轴上。

> **提示**
> 如果鼠标指针没有显示任何坐标轴信息，那么可以在空间中全方位地移动三维对象。

10.1.4　调整三维图层的"旋转"属性

1. 使用"方向"属性旋转

（1）选择"文件 > 打开项目"命令，选择云盘中的"Ch10\基础素材\三维图层.aep"文件，单击"打开"按钮打开此文件。

（2）在"时间轴"面板中选择某三维图层、摄像机图层或者灯光图层。

（3）在工具栏中，选择"旋转工具" ，在"组"选项右侧的下拉列表中选择"方向"选项，如图 10-22 所示。

图 10-22

（4）在"合成"面板中将鼠标指针放置在某个坐标轴上，当鼠标指针变为 $_x$ 形状时，表示进行 x 轴向的旋转；当鼠标指针变为 $_y$ 形状时，表示进行 y 轴向的旋转；当鼠标指针变为 $_z$ 形状时，表示进

行 z 轴向的旋转；鼠标指针上没有出现任何信息时，表示全方位旋转三维对象。

（5）在"时间轴"面板中展开当前三维图层的"变换"属性组，观察 3 组旋转属性值的变化，如图 10-23 所示。

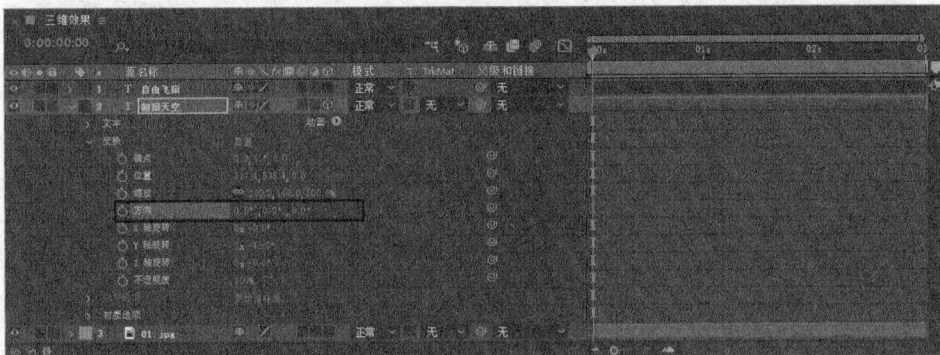

图 10-23

2. 使用"旋转"属性旋转

（1）使用上面的素材，选择"编辑 > 撤销"命令，还原到项目文件的上次存储状态。

（2）在工具栏中，选择"旋转工具" ，在"组"选项的右侧下拉列表中选择"旋转"选项，如图 10-24 所示。

图 10-24

（3）在"合成"面板中，将鼠标指针放置在某坐标轴上，当鼠标指针变为 形状时，表示进行 x 轴向的旋转；当鼠标指针变为 形状时，表示进行 y 轴向的旋转；当鼠标指针变为 形状时，表示进行 z 轴向的旋转；鼠标指针没有出现任何信息时，表示全方位旋转三维对象。

（4）在"时间轴"面板中展开当前三维图层的"变换"属性组，观察 3 组旋转属性值的变化，如图 10-25 所示。

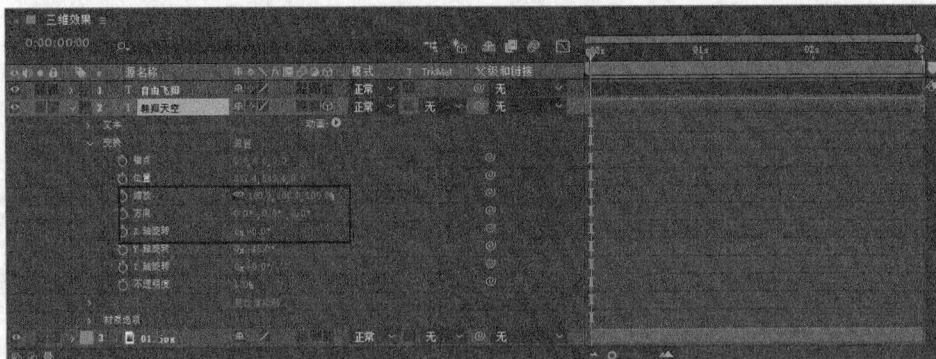

图 10-25

10.1.5　三维视图

虽然感知三维空间并不需要经过专门的训练，任何人都具备这种能力，但是在制作三维对象的过程中，往往会由于各种原因（场景过于复杂等）产生视觉错觉，让人无法仅通过观察透视图正确判断当前三维对象的具体空间状态。因此，往往需要借助更多的视图作为参照，如正面、左侧、顶部、活动摄像机等，从而得到准确的空间位置信息。正面、左侧、顶部、活动摄像机视图的显示效果分别如图 10-26～图 10-29 所示。

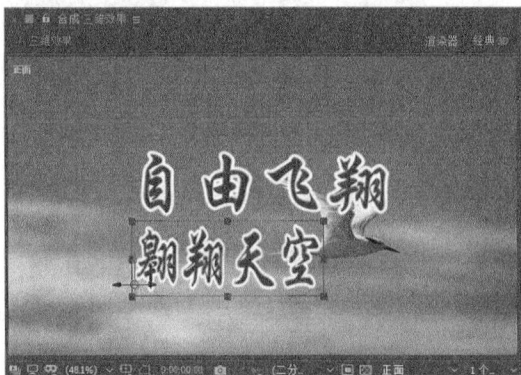

图 10-26

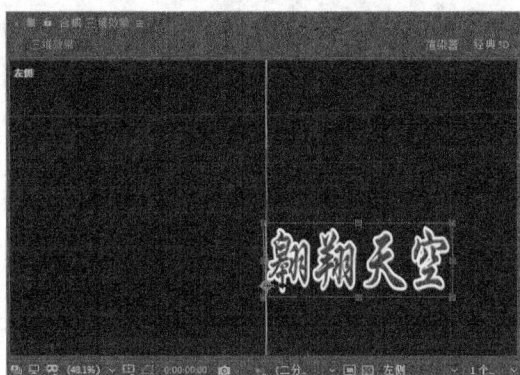

图 10-27

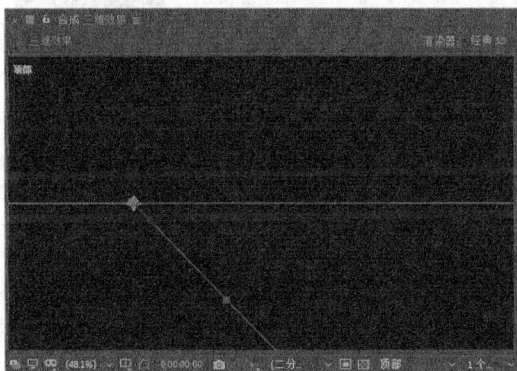

图 10-28

图 10-29

可以在"合成"面板中的 活动摄像机 ∨ （3D 视图）下拉列表中选择视图模式，视图模式大致分为 3 类：正交视图、摄像机视图和自定义视图。

1．正交视图

正交视图包括正面、左侧、顶部、背面、右侧和底部，其实就是以垂直正交的方式观看空间中的 6 个面。在正交视图中，物体的长度和距离以原始数据的方式呈现，从而忽略了透视导致的视图大小变化，这也就意味着在正交视图观看立体物体时没有透视感，如图 10-30 所示。

2．摄像机视图

摄像机视图以摄像机的角度显示空间中的物体。与正交视图不同的是，摄像机视图中的空间是带有透视变化的视觉空间，能够非常真实地展现近大远小、近长远短的透视关系，设置镜头的特殊属性，还能得到夸张的效果等，如图 10-31 所示。

图 10-30

图 10-31

3. 自定义视图

自定义视图以几个默认的角度显示当前空间，可以通过工具栏中的摄像机工具调整视图角度。与摄像机视图一样，自定义视图同样遵循透视的规律，不过自定义视图并不要求合成项目中必须有摄像机，也不具备摄像机视图中的景深、广角、长焦等效果。自定义视图可以理解为 3 个可自定义的标准透视视图。

活动摄像机 ∨（3D 视图）下拉列表中的选项，如图 10-32 所示。

● 活动摄像机：当前激活的摄像机视图，也就是在当前时间位置打开的摄像机图层中的视图。

● 正面：正视图，从正前方观看合成空间，不带透视效果。

● 左侧：左视图，从正左方观看合成空间，不带透视效果。

● 顶部：顶视图，从正上方观看合成空间，不带透视效果。

● 背面：背视图，从正后方观看合成空间，不带透视效果。

● 右侧：右视图，从正右方观看合成空间，不带透视效果。

● 底部：底视图，从正底部观看合成空间，不带透视效果。

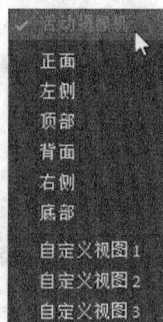

图 10-32

● 自定义视图 1～3：3 个自定义视图从 3 个默认的角度观看合成空间，具有透视效果，可以通过工具栏中的摄像机位置工具改变视角。

10.1.6 多视图观看三维空间

在进行三维创作时，虽然可以通过 3D 视图下拉列表方便地切换各个视图，但这仍然不利于各个视图的对比，而且来回频繁地切换视图也会导致创作效率低下。不过幸运的是，After Effects 提供了多种视图显示方式，让用户可以同时从多个角度观看三维空间，只需在"合成"面板中的"选定视图方案"下拉列表中选择相应选项。

● 1 个视图：仅显示一个视图，如图 10-33 所示。

● 2 个视图-水平：同时显示两个视图，它们将左右排列，如图 10-34 所示。

● 2 个视图-纵向：同时显示两个视图，它们将上下排列，如图 10-35 所示。

● 4 个视图：同时显示 4 个视图，如图 10-36 所示。

● 4 个视图-左侧：同时显示 4 个视图，主视图在右边，如图 10-37 所示。

● 4 个视图-右侧：同时显示 4 个视图，主视图在左边，如图 10-38 所示。

图 10-33

图 10-34

图 10-35

图 10-36

图 10-37

图 10-38

● 4 个视图-顶部：同时显示 4 个视图，主视图在下边，如图 10-39 所示。

● 4 个视图-底部：同时显示 4 个视图，主视图在上边，如图 10-40 所示。

每个分视图都可以在激活后，在 3D 视图下拉列表中更换具体观看角度，或者设置视图显示方式等。

另外，勾选"共享视图选项"选项，可以让多个视图共享同样的视图设置，如"安全框显示""网格显示""通道显示"等。

图 10-39

图 10-40

> **提示**
>
> 　　上下滚动鼠标滚轴轮，可以在不激活视图的情况下，对鼠标指针所在的视图进行缩放操作。

10.1.7　坐标系

在控制三维对象时，用户需要依据某种坐标系进行轴向定位，After Effects 提供了 3 种坐标系：本地坐标系、世界坐标系和视图坐标系。坐标系的切换是通过工具栏中的 ▨、▨ 和 ▨ 按钮实现的。

1. 本地坐标系 ▨

此坐标系采用被选择物体本身的坐标轴作为变换的依据，这在物体的方位与世界坐标系不同时很有帮助，如图 10-41 所示。

2. 世界坐标系 ▨

世界坐标系使用合成空间中的绝对坐标系作为定位依据，该坐标系的轴不会随着物体的旋转而改变，属于一种绝对坐标。无论在哪一个视图，x 轴始终往水平方向延伸，y 轴始终往垂直方向延伸，z 轴始终往纵深方向延伸，如图 10-42 所示。

3. 视图坐标系 ▨

视图坐标系与当前所处的视图有关，也可以称为屏幕坐标系，在正交视图和自定义视图中，x 轴和 y 轴始终平行于视图，z 轴始终垂直于视图；在摄像机视图中，x 轴和 y 轴始终平行于视图，但 z 轴有一定的变动，如图 10-43 所示。

图 10-41

图 10-42

图 10-43

10.1.8 三维图层的材质属性

将普通的二维图层转换为三维图层时，会添加一个"材质选项"属性组，可以通过设置此属性组，调整三维图层响应灯光光照系统的方式，如图 10-44 所示。

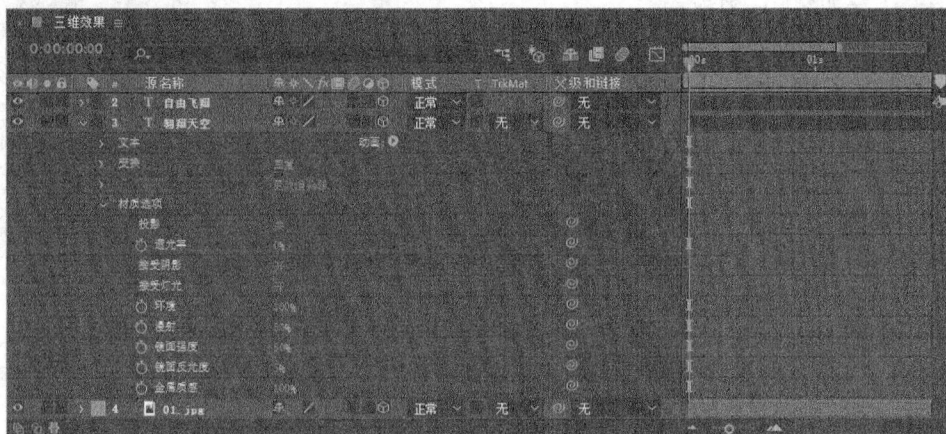

图 10-44

选中某个三维图层，连续按两次 A 键，展开"材质选项"属性组。

投影：设置是否投射阴影，其中包括"打""关""仅"3 种模式，效果如图 10-45～图 10-47 所示。

图 10-45

图 10-46

图 10-47

透光率：透光程度，可以体现半透明物体在灯光下的效果，效果主要体现在阴影上，透光率为 0% 的效果如图 10-48 所示，透光率为 70% 的效果如图 10-49 所示。

图 10-48

图 10-49

接受阴影：是否接受阴影，此属性不能制作关键帧动画。

接受灯光：是否接受光照，此属性不能制作关键帧动画。

环境：调整三维图层受"环境"类型灯光影响的程度。设置"环境"类型灯光的方法如图 10-50 所示。

漫射：调整图层漫反射的程度。值为 100%时，将反射大量的光；值为 0%，则不反射大量的光。

镜面强度：调整图层镜面反射的程度。

镜面反光度：设置"镜面强度"作用的区域，值越小，"镜面强度"作用的区域越小。在"镜面强度"为 0%的情况下，此设置将不起作用。

金属质感：调节由"镜面强度"反射的光的颜色。值越接近 100%，其颜色就越接近图层的颜色；值越接近 0%，其颜色就越接近灯光的颜色。

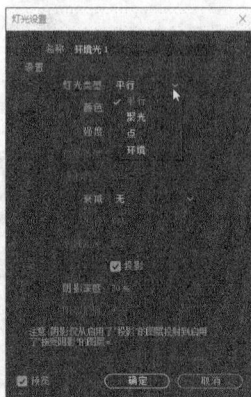

图 10-50

10.2　灯光和摄像机

After Effects 中的三维图层具有材质属性，但要得到满意的合成效果，还必须在场景中创建和设置灯光，图层的投影、环境和反射等特性都是在一定的灯光作用下发挥作用的。

在三维空间的合成中，除了有灯光和材质赋予的多种效果以外，摄像机的功能也是相当重要的，因为不同视角得到的光影效果是不同的，而且在动画的控制方面也增强了灵活性和多样性，丰富了图像合成的视觉效果。

10.2.1　课堂案例——文字效果

案例学习目标

学习使用摄像机制作文字效果。

案例知识要点

使用"直排文字工具" **T** 和"横排文字工具" **T** 输入文字，使用"缩放"属性调整视频的大小，使用"色相/饱和度"命令和"曲线"命令调整视频的色调和亮度，使用"摄像机"命令添加摄像机图层并制作关键帧动画。文字效果如图 10-51 所示。

图 10-51

扫码观看
本案例视频

效果所在位置

云盘\Ch10\文字效果\文字效果.aep。

（1）按 Ctrl+N 组合键，弹出"合成设置"对话框，在"合成名称"文本框中输入"最终效果"，其他设置如图 10-52 所示，单击"确定"按钮，创建一个新的合成。

（2）选择"文件 > 导入 > 文件"命令，弹出"导入文件"对话框，选择云盘中的"Ch10 \文字效果\(Footage)\01.jpg、02.mp4"文件，单击"导入"按钮，将文件导入"项目"面板。在"项目"面板中选中"02.mp4"文件，将其拖曳到"时间轴"面板中，如图 10-53 所示。

图 10-52

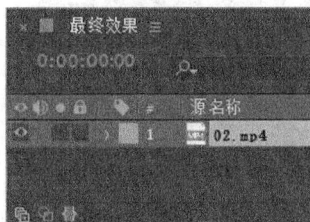

图 10-53

（3）选中"02.mp4"图层，按 S 键显示"缩放"属性，设置"缩放"属性为（67.0,67.0%），如图 10-54 所示。"合成"面板中的效果如图 10-55 所示。

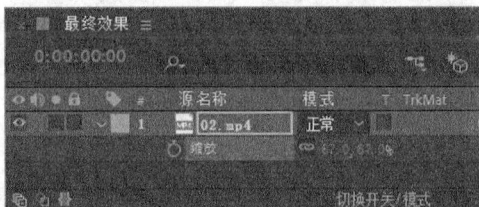

图 10-54

图 10-55

（4）选择"效果 > 颜色校正 > 色相/饱和度"命令，在"效果控件"面板中设置参数，如图 10-56 所示。"合成"面板中的效果如图 10-57 所示。

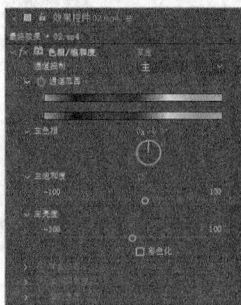

图 10-56

图 10-57

（5）选择"效果 > 颜色校正 > 曲线"命令，在"效果控件"面板中设置参数，如图 10-58 所示。"合成"面板中的效果如图 10-59 所示。

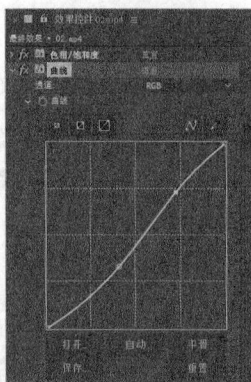

图 10-58

图 10-59

（6）选择"直排文字工具" **T**，在"合成"面板输入文字"峰 旅"。选中文字，在"字符"面板中设置参数，如图 10-60 所示。"合成"面板中的效果如图 10-61 所示。

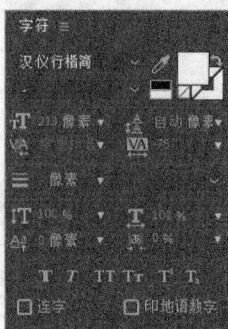

图 10-60

图 10-61

（7）单击"峰 旅"图层右侧的"3D 图层"按钮 ，打开三维属性，如图 10-62 所示。"合成"面板中的效果如图 10-63 所示。

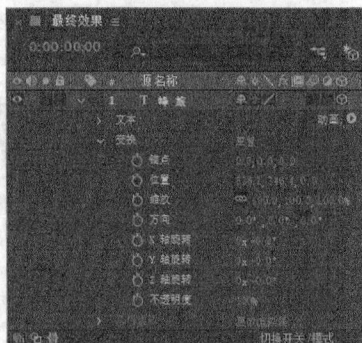

图 10-62

图 10-63

（8）选择"图层 > 新建 > 空对象"命令，在"时间轴"面板中创建一个"空 1"图层，如

图 10-64 所示。单击"空 1"图层右侧的"3D 图层"按钮，打开三维属性，如图 10-65 所示。

图 10-64

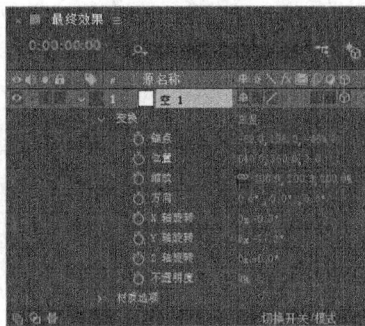

图 10-65

（9）保持时间标签在 0:00:00:00 的位置，分别单击"锚点"属性和"Y 轴旋转"属性左侧的"关键帧自动记录器"按钮，如图 10-66 所示，记录第 1 个关键帧。将时间标签放置在 0:00:01:00 的位置，设置"锚点"属性为（0.0，-13.0，168.0）、"Y 轴旋转"属性为（0x-6.0°），如图 10-67 所示，记录第 2 个关键帧。

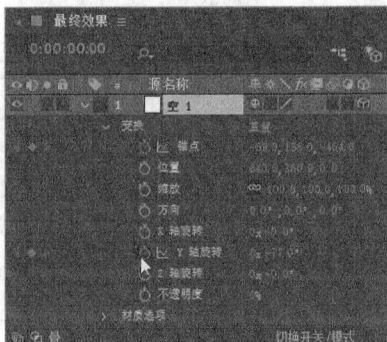

图 10-66

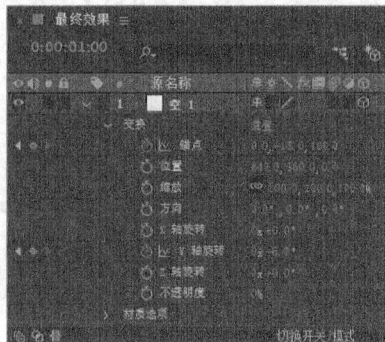

图 10-67

（10）将时间标签放置在 0:00:00:00 的位置，选择"图层 > 新建 > 摄像机"命令，弹出"摄像机设置"对话框，在"名称"文本框中输入"摄像机 1"，其他设置如图 10-68 所示，单击"确定"按钮，在"时间轴"面板中新建一个摄像机图层，如图 10-69 所示。

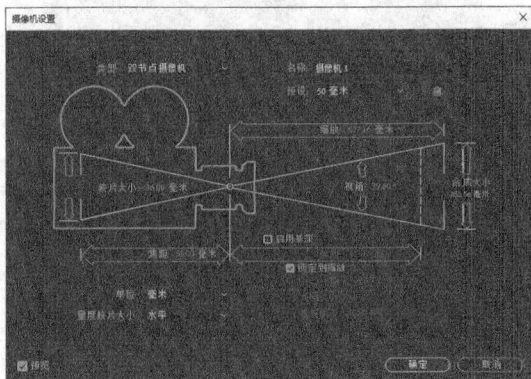

图 10-68

图 10-69

（11）设置"摄像机 1"图层的"父级和链接"为"2.空 1"，如图 10-70 所示。展开"摄像机 1"图层的"变换"属性组，如图 10-71 所示。

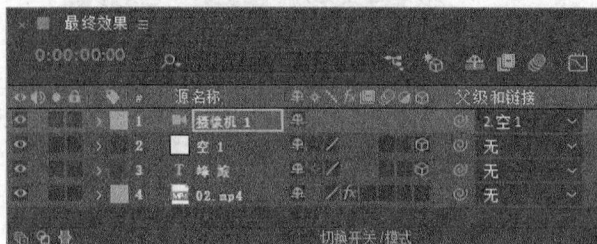

图 10-70

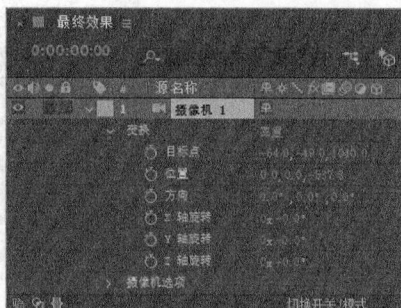

图 10-71

（12）分别单击"目标点"属性和"位置"属性左侧的"关键帧自动记录器"按钮，如图 10-72 所示，记录第 1 个关键帧。将时间标签放置在 0:00:01:00 的位置，设置"目标点"属性为（41.0，–17.0，1970.0）、"位置"属性为（0.0，0.0，–1468.8），如图 10-73 所示，记录第 2 个关键帧。

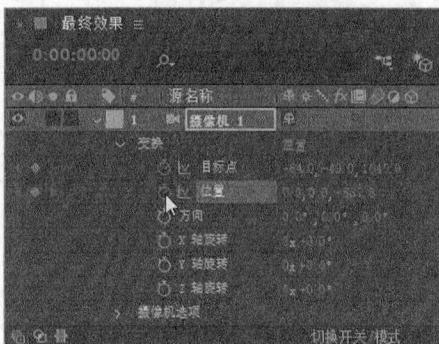

图 10-72

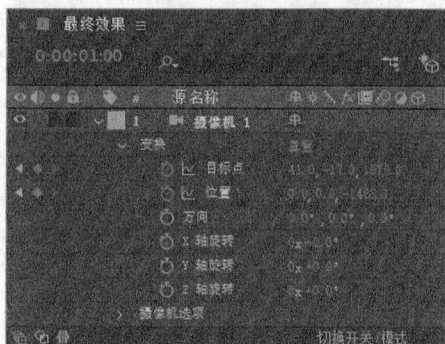

图 10-73

（13）在"项目"面板中选中"01.jpg"文件，其拖曳到"时间轴"面板中。按 P 键显示"位置"属性，设置"位置"属性为（744.1，523.4），如图 10-74 所示。"合成"面板中的效果如图 10-75 所示。

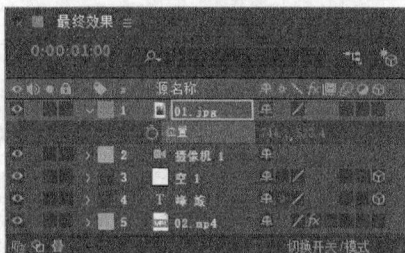

图 10-74

图 10-75

（14）保持时间标签在 0:00:01:00 的位置，按 Alt+[组合键，设置动画的入点，如图 10-76 所示。

图 10-76

（15）按 S 键显示"缩放"属性，设置"缩放"属性为（0.0，0.0%），单击"缩放"属性左侧的"关键帧自动记录器"按钮，如图 10-77 所示，记录第 1 个关键帧。将时间标签放置在 0：00：01：06 的位置，设置"缩放"属性为（100.0，100.0%），如图 10-78 所示，记录第 2 个关键帧。

图 10-77

图 10-78

（16）选择"横排文字工具"，在"合成"面板中输入文字"丹霞奇险灵秀美如画"。选中文字，在"字符"面板中设置参数，如图 10-79 所示。"合成"面板中的效果如图 10-80 所示。

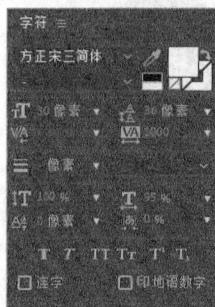

图 10-79

图 10-80

（17）选中第 1 个图层，按 P 键显示"位置"属性，设置"位置"属性为（176.4，357.2），如图 10-81 所示。"合成"面板中的效果如图 10-82 所示。

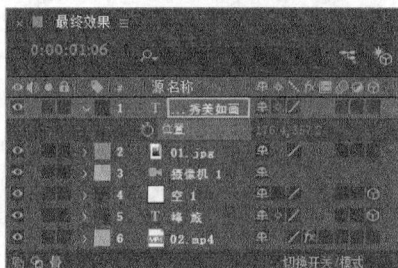

图 10-81

图 10-82

（18）保持时间标签在 0:00:01:06 的位置，按 Alt+ [组合键，设置动画的入点，如图 10-83 所示。文字效果制作完成。

图 10-83

10.2.2　创建和设置摄像机

创建摄像机的方法很简单，选择"图层 > 新建 > 摄像机"命令，或按 Ctrl+Shift+Alt+C 组合键，在弹出的对话框中进行设置，如图 10-84 所示，单击"确定"按钮即可创建摄像机。

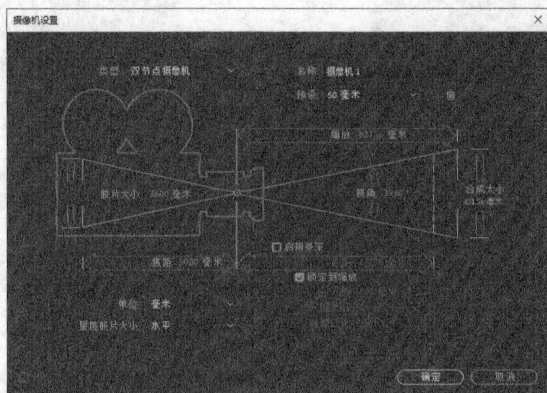

图 10-84

名称：设定摄像机的名称。

预设：摄像机预设，此下拉列表中包含 9 种常用的摄像机镜头，有标准的"35 毫米"镜头、"15 毫米"广角镜头、"200 毫米"长焦镜头以及自定义镜头等。

单位：设置摄像机使用的单位，包括像素、英寸和毫米 3 个选项。

量度胶片大小：可以改变胶片的基准方向，包括水平、垂直和对角 3 个选项。

缩放：设置摄像机到图像的距离。"缩放"值越大，通过摄像机显示的图层大小就越大，视野也就越窄。

视角：视角越大，视野越宽，相当于广角镜头；视角越小，视野越窄，相当于长焦镜头。调整此参数时，会和"焦距""胶片大小""变焦"3 个值互相影响。

焦距：指胶片和镜头之间的距离。焦距短，就是广角效果；焦距长，就是长焦效果。

启用景深：是否勾选此复选框可决定是否打开景深功能，通常配合"焦距""光圈""光圈大小"和"模糊层次"参数使用。

焦距：焦点距离，确定从摄像机开始到图像最清晰位置的距离。

光圈：设置光圈大小。不过在 After Effects 中，光圈大小与曝光没有关系，仅影响景深的大小；光圈越大，前后图像清晰的范围会越来越小。

光圈大小：控制快门速度，此属性与"光圈"属性互相影响，同样影响景深模糊程度。

模糊层次：控制景深模糊程度，值越大越模糊，为 0% 则表示不进行模糊处理。

10.2.3　利用工具移动摄像机

工具栏中有 4 个移动摄像机的工具，在当前摄像机工具上按住鼠标左键，弹出其他摄像机工具，按 C 键可以在这 4 个工具之间切换，如图 10-85 所示。

图 10-85

"统一摄像机工具" 📷：具有以下几种摄像机工具的功能，使用鼠标的不同按键可以灵活变换操作，鼠标左键控制旋转、中键控制平移、右键控制推拉。

"轨道摄像机工具" ◎：用于以目标为中心点旋转摄像机。

"跟踪 XY 摄像机工具" ✥：用于在垂直方向或水平方向上平移摄像机。

"跟踪 Z 摄像机工具" ▮：用于将摄像机镜头拉近、推远，也就是让摄像机在 z 轴上平移。

10.2.4　摄像机和灯光的入点与出点

在默认状态下，新建立的摄像机和灯光的入点与出点就是合成项目的入点和出点，即作用于整个合成项目。为了设置多个摄像机或者多个灯光在不同时间段起作用，可以修改摄像机或者灯光的入点和出点，改变其持续时间，就像对待其他普通素材图层一样，从而方便地实现多个摄像机或者多个灯光的切换，如图 10-86 所示。

图 10-86

10.3　课堂练习——旋转文字

🔗 练习知识要点

使用"导入"命令导入图片，使用"3D 图层"按钮 🖻 制作三维效果，使用"Y 轴旋转"属性和

"缩放"属性制作文字动画。旋转文字效果如图 10-87 所示。

扫码观看
本案例视频

图 10-87

◎ **效果所在位置**

云盘\Ch10\旋转文字\旋转文字.aep。

10.4　课后习题——摄像机动画

🔗 **习题知识要点**

使用"缩放"属性制作缩放动画，使用"空对象"命令创建空白图层，使用"锚点"属性和"Y
轴旋转"属性制作动画效果，使用"摄像机"命令添加摄像机。摄像机动画效果如图 10-88 所示。

扫码观看
本案例视频

图 10-88

◎ **效果所在位置**

云盘\Ch10\摄像机动画\摄像机动画.aep。

11

第11章
渲染与输出

对于制作完成的影片，可以通过渲染、输出的方式，让影片可以在不同的媒介设备上播放，方便传播。本章主要讲解 After Effects 中的渲染与输出功能。读者通过对本章的学习，可以掌握渲染与输出的方法和技巧。

学习目标

● 渲染
● 输出

素养目标

● 培养具有良好的艺术感知和审美意识的能力
● 培养能够具备对图像进行分析和评估的能力
● 培养能够不断改进学习方法的自主学习能力

11.1   渲染

渲染在整个影片制作过程中是最后一步，也是相当关键的一步。即使前面制作得再精妙，渲染不成功也会导致影片制作失败，渲染方式会影响影片最终呈现的效果。

After Effects 可以将合成项目渲染、输出成视频文件、音频文件和序列图片等。输出的方式有两种：一种是选择"文件 > 导出"命令直接输出单个合成项目；另一种是选择"合成 > 添加到渲染队列"命令，将一个或多个合成项目添加到"渲染队列"面板中，逐一或批量输出，如图 11-1 所示。

图 11-1

其中，通过"文件 > 导出"命令输出时，可选的格式和解码方式较少；通过"合成 > 添加到渲染队列"命令输出时，可以进行非常高级的专业控制，并可以选择多种格式和解码方式。因此，这里主要介绍如何使用"渲染队列"面板进行输出，掌握了它，就同时掌握了使用"文件 > 导出"命令输出影片的方法。

11.1.1   "渲染队列"面板

在"渲染队列"面板中可以控制整个渲染进程，调整各个合成项目的渲染顺序，设置每个合成项目的渲染质量、输出格式和路径等。在将合成项目添加到渲染队列时，"渲染队列"面板将自动打开。如果不小心关闭了，可以选择"窗口 > 渲染队列"命令，或按 Ctrl+Shift+0 组合键，再次打开此面板。

单击"当前渲染"左侧的小箭头按钮，显示的信息如图 11-2 所示，主要包括当前正在渲染的合成项目的进度、正在执行的操作、当前输出的路径、文件大小、预测的最终文件、可用磁盘空间等。

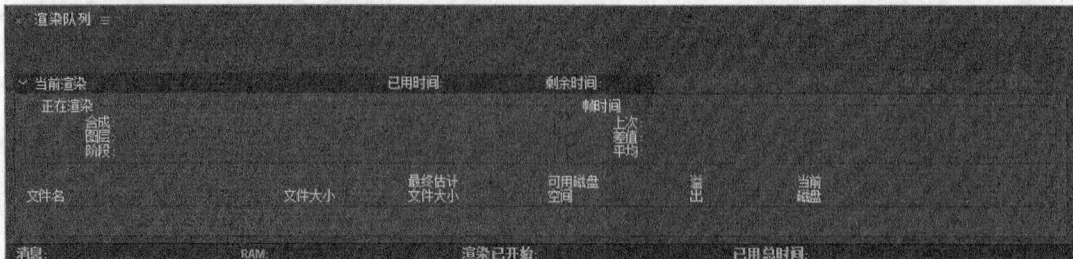

图 11-2

渲染队列区如图 11-3 所示。

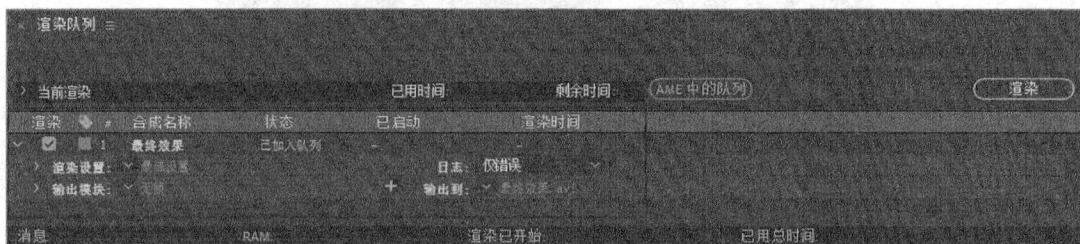

图 11-3

需要渲染的合成项目都将逐一排在渲染队列中，在此，可以设置合成项目的"渲染设置""输出模式"（输出模式、格式和解码方式等）、"输出到"（文件名和路径）等。

渲染：是否进行渲染操作，只有选中的合成项目才会被渲染。

：选择标签颜色，用于区分不同类型的合成项目，方便用户识别。

#：队列序号，决定渲染的顺序，可以上下拖曳合成项目，改变合成项目的排列顺序。

合成名称：合成项目的名称。

状态：当前状态。

已启动：渲染开始的时间。

渲染时间：渲染花费的时间。

单击"渲染设置"和"输出模块"属性左侧的小箭头按钮 展开具体的设置信息，如图 11-4 所示。单击 按钮可以选择已有的设置预置，单击当前设置标题，可以打开具体的设置对话框。

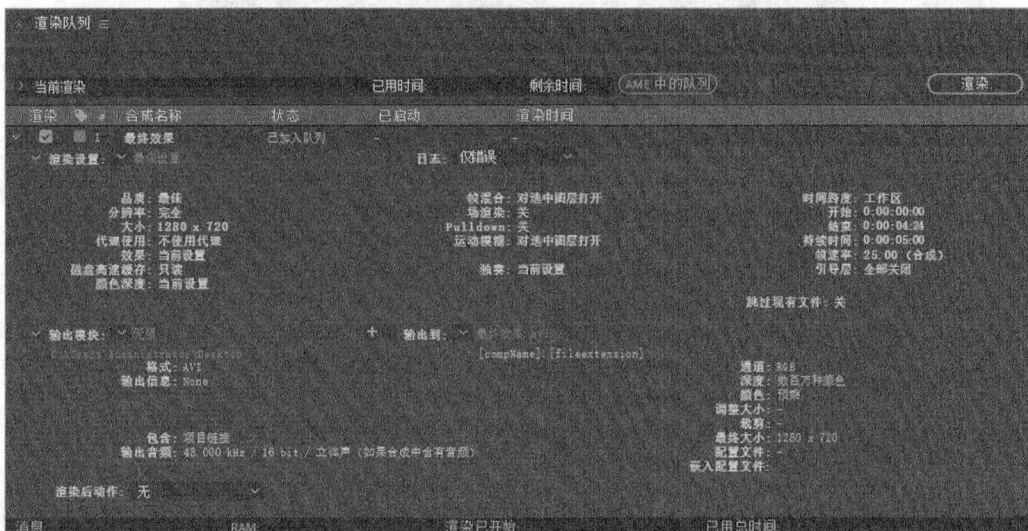

图 11-4

11.1.2　渲染设置

渲染设置的方法为：单击"渲染设置" 按钮右侧的"最佳设置"标题文字，弹出"渲染设置"对话框，如图 11-5 所示。

图 11-5

（1）"合成"设置区如图 11-6 所示。

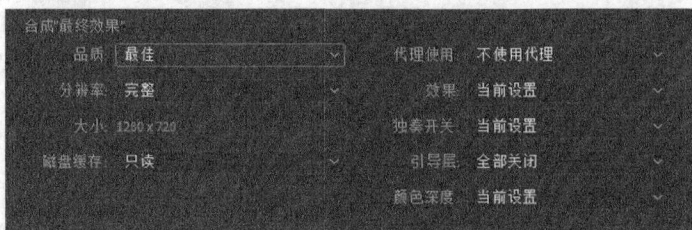

图 11-6

品质：设置图层质量。"当前设置"表示采用各图层的当前设置，即根据"时间轴"面板中各图层属性开关面板上的图层画质而定；"最佳"表示全部采用最好的质量（忽略各图层的质量设置）；"草图"表示全部采用粗略质量（忽略各图层的质量设置）；"线框"表示全部采用线框模式（忽略各图层的质量设置）。

分辨率：设置像素采样质量，包括"完整""二分之一""三分之一""四分之一"等选项；另外，还可以选择"自定义"选项，在弹出的"自定义分辨率"对话框中自定义分辨率。

磁盘缓存：决定是否采用"首选项"对话框（选择"编辑 > 首选项"命令可打开该对话框）中的媒体和磁盘缓存中的内存缓存设置，如图 11-7 所示。选择"只读"选项表示不采用当前"首选项"对话框的设置，而且在渲染过程中，不会有任何新的帧被写入内存缓存中；选择"当前设置"选项表示采用"首选项"对话框中的设置进行渲染。

代理使用：决定是否使用代理素材。"当前设置"表示采用当前"项目"面板中各素材的设置；"使用所有代理"表示全部使用代理素材进行渲染；"仅使用合成的代理"表示只对合成项目使用代理素材；"不使用代理"表示全部不使用代理素材。

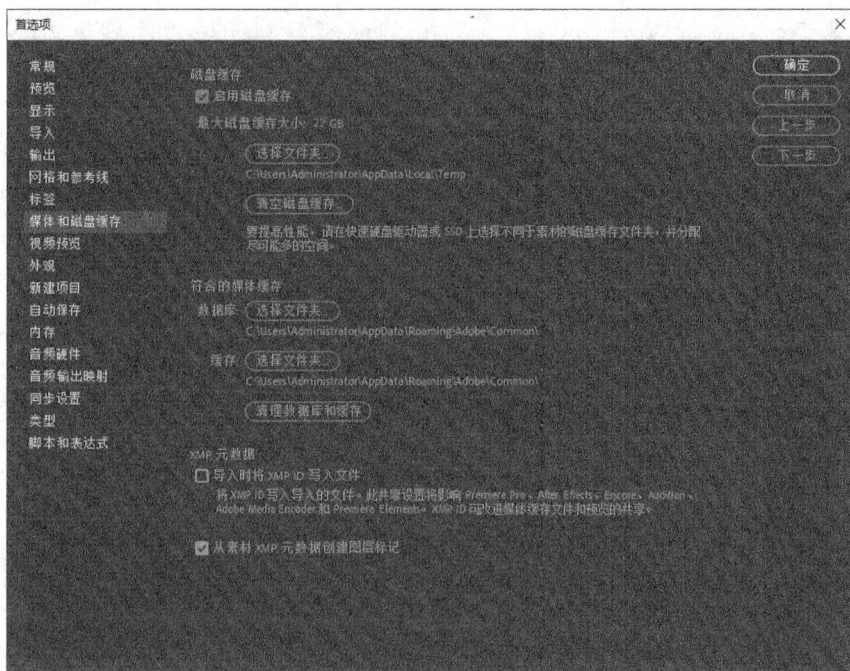

图 11-7

效果：决定是否采用效果。"当前设置"表示采用当前时间轴中各个效果的设置；"全部开启"表示启用所有效果，即使某些效果 *fx* 暂时处于关闭状态；"全部关闭"表示关闭所有效果。

独奏开关：指定是否只渲染"时间轴"面板中"独奏"开关 ● 开启的图层；选择"全部关闭"选项，表示不考虑独奏开关。

引导层：指定是否只渲染参考图层。

颜色深度：选择色深，如果是标准版的 After Effects，则设有"每通道 8 位""每通道 16 位""每通道 32 位" 3 个选项。

（2）"时间采样"设置区如图 11-8 所示。

图 11-8

帧混合：指定是否采用"帧混合"模式。"当前设置"表示根据当前"时间轴"面板中的"帧混合开关" ▣ 的状态和各个图层"帧混合模式" ▣ 的状态，决定是否使用帧混合功能；"对选中图层打开"表示忽略"帧混合开关" ▣ 的状态，对所有设置了"帧混合模式" ▣ 的图层应用帧混合功能；"对所有图层关闭"表示不启用帧混合功能。

场渲染：指定是否采用场渲染方式。"关"表示渲染成不含场的影片；"高场优先"表示渲染成上场优先的含场影片；"低场优先"表示渲染成下场优先的含场影片。

3∶2 Pulldown：选择 3∶2 下拉的引导相位法。

运动模糊：选择是否采用运动模糊。"当前设置"表示根据当前"时间轴"面板中"运动模糊开关" ⬤的状态和各个图层"运动模糊" 的状态，决定是否使用动态模糊功能；"对选中图层打开"表示忽略"运动模糊开关" ⬤，对所有设置了"运动模糊" 的图层应用运动模糊效果；"对所有图层关闭"表示不启用动态模糊功能。

时间跨度：定义当前合成项目的渲染的时间范围。"合成长度"表示渲染整个合成项目，也就是合成项目设置了多长的持续时间，输出的影片就有多长时间；"仅工作区域"表示根据时间轴中设置的工作环境范围来设定渲染的时间范围（按 B 键，工作范围开始；按 N 键，工作范围结束）；"自定义"表示自定义渲染的时间范围。

使用合成的帧速率：使用合成项目中设置的帧速率。

使用此帧速率：使用此处设置的帧速率。

（3）"选项"设置区如图 11-9 所示。

图 11-9

跳过现有文件（允许多机渲染）：勾选此复选框将自动忽略已存在的序列图片，即忽略已经渲染过的序列帧图片，此功能主要用在网络渲染时。

11.1.3 输出组件设置

"渲染设置"完成后，接下来"设置输出组件"，主要是设置输出的格式和解码方式等。单击"输出模块" 按钮右侧的"无损"标题文字，弹出"输出模块设置"对话框，如图 11-10 所示。

（1）基础设置区如图 11-11 所示。

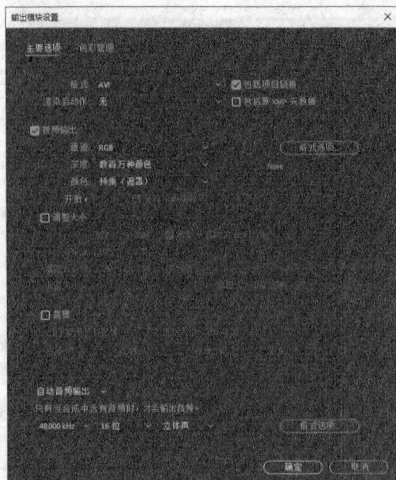

图 11-10

图 11-11

格式：设置输出的文件格式，如播放器的 QuickTime、AVI、"JPEG "序列、WAV 等格式。

渲染后动作：指定 After Effects 是否使用刚渲染的文件作为素材或者代理素材。"导入"表示渲染完成后，自动作为素材置入当前项目中；"导入和替换用法"表示渲染完成后，自动置入项目中替代合成项目，包括这个合成项目被嵌入其他合成项目中的情况；"设置代理"表示渲染完成后，作为代理素材置入项目中。

（2）视频设置区如图 11-12 所示。

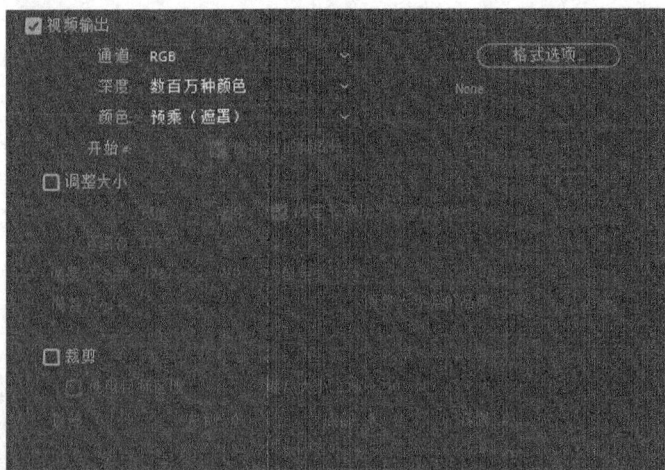

图 11-12

视频输出：选择是否输出视频信息。

通道：选择输出的通道，包括"RGB"（3 个色彩通道）、"Alpha"（仅输出 Alpha 通道）和"RGB+Alpha"（三色通道和 Alpha 通道）选项。

深度：设置颜色深度。

颜色：指定输出的视频包含的 Alpha 通道为哪种模式，是"直接（无遮罩）"模式还是"预乘（遮罩）"模式。

开始#：当选择的输出的格式是序列图片时，在这里可以指定序列图片的文件名序列数，为了方便识别，也可以勾选"使用合成帧编号"复选框，让输出的序列图片数字就是其帧数字。

格式选项：用于选择视频的编码方式。虽然之前确定了输出的格式，但是每种文件格式又有多种编码方式，不同的编码方式会生成完全不同质量的影片，最后产生的文件量也会有所不同。

调整大小：指定是否对画面进行缩放处理。

调整大小到：指定缩放的具体尺寸，也可以从预置列表中选择。

调整大小后的品质：选择缩放质量。

锁定长宽比为：指定是否强制高宽比为特殊比例。

裁剪：指定是否裁切画面。

使用目标区域：勾选此复选框，则采用"合成"面板中的"目标区域工具" 确定的画面区域。

顶部、左侧、底部、右侧：设置被裁切掉的像素尺寸。

（3）音频设置区如图 11-13 所示。

图 11-13

自动音频输出：指定是否输出音频信息。

格式选项：选择音频的编码方式，也就是用什么压缩方式压缩音频信息。

音频质量设置：包括赫兹、比特、立体声和单声道等选项。

11.1.4 渲染设置和输出预置

虽然 After Effects 提供了许多"渲染设置"和"输出"预置，不过可能还是不能满足某些个性化需求。用户可以将常用的设置存储为自定义的预置，以后进行渲染、输出操作时，不需要一遍遍地反复设置，只需要单击 按钮，在弹出的下拉列表中选择。

"渲染设置模板"和"输出模块模板"对话框如图 11-14 和图 11-15 所示，调出对话框的方法是选择"编辑 > 模板 > 渲染设置"命令和"编辑 > 模板 > 输出模块"命令。

图 11-14

图 11-15

11.1.5 编码和解码问题

完全不压缩的视频和音频的数据量是非常庞大的，因此在输出时需要通过特定的压缩技术对数据进行压缩处理，以减少最终的文件量，便于传输和存储。这样就产生了输出时选择恰当的编码器，播放时使用同样的解码器进行解压还原画面的过程。

目前视频流传输中最为重要的编码标准有 H.261、H.263、M-JPEG 和 MPEG 系列标准。此外互联网上广泛应用的编码标准还有 Real-Networks 的 RealVideo、微软公司的 WMT 以及苹果公司的 QuickTime 等。

对于 .avi 微软视窗系统中的通用视频格式，现在流行的编码和解码方式有 Xvid、MPEG-4、DivX、Microsoft DV 等。对于 .mov 苹果公司的 QuickTime 视频格式，比较流行的编码和解码方式有 MPEG-4、H.263、Sorenson Video 等。

在输出时，最好选择普遍使用的编码器和文件格式，或者是目标客户可用的编码器和文件格式，否则，可能会因为缺少解码器或相应的播放器而无法看见视频画面或者无法听到声音。

11.2 输出

用户可以将制作好的视频以多种方式输出，如输出标准视频、输出合成项目中的某一帧等。

11.2.1 输出标准视频

（1）在"项目"面板中选择需要输出的合成项目。

（2）选择"合成 > 添加到渲染队列"命令，或按 Ctrl+M 组合键，将合成项目添加到渲染队列中。

（3）在"渲染队列"面板中设置渲染属性、输出格式和输出路径。

（4）单击"渲染"按钮开始渲染，如图 11-16 所示。

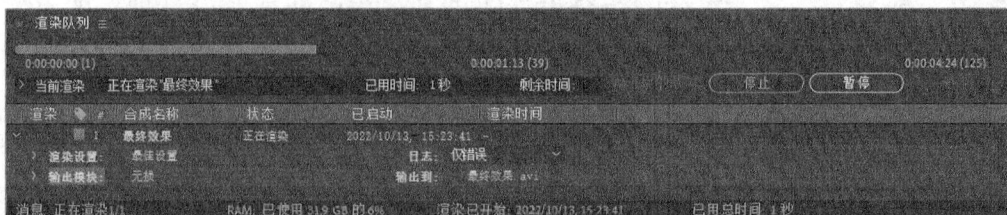

图 11-16

如果需要将此合成项目渲染成多种格式或者有多种解码方式，可以在第（3）步之后，选择"图像合成 > 添加输出组件"命令，添加输出格式和指定另一个输出文件的路径、名称，这样就可以做到一次输出，任意发布。

11.2.2 输出合成项目中的某一帧

（1）在"时间轴"面板中，将时间标签移到目标帧处。

（2）选择"合成 > 帧另存为 > 文件"命令，或按 Ctrl+Alt+S 组合键，将渲染任务添加到渲染队列中。

（3）单击"渲染"按钮开始渲染。

另外，如果选择"合成 > 帧另存为 > Photoshop 图层"命令，则将直接打开文件存储对话框，设置好存储路径和文件名即可完成单帧画面的输出。

12 第12章
综合设计实训

　　本章的综合设计实训是根据商业视频设计项目的真实情境，目的是训练学生利用所学知识完成商业视频设计项目。多个商业视频设计项目的演练，可使学生进一步掌握 After Effects 的强大操作功能和使用技巧，并应用所学技能制作出专业的视频作品。

学习目标 ▦

- 掌握软件的综合应用
- 熟悉各种效果

素养目标 ▦

- 培养学习工作中，遵守规章制度的责任意识
- 培养能够认真倾听的沟通交流能力
- 培养对自己职业发展有明确意识的就业与创业思维

12.1　宣传片的制作——制作汽车广告

12.1.1　项目背景及要求

1．客户名称

疾风汽车。

2．客户需求

疾风汽车是一家汽车生产制作公司，以生产越野车、敞篷旅行车和赛车而闻名。该公司推出了新款越野车，现需要制作宣传广告，要求突出汽车的性能及特点，展现品质。

3．设计要求

（1）以实景照片作为背景，以衬托主体。

（2）设计要简洁、明确，能表现宣传主题。

（3）设计风格要有特色，要时尚、新潮。

（4）设计形式多样，在细节的处理上要求细致、独特。

（5）设计规格为 1280 像素（宽）×720 像素（高），像素比为 1：1，帧速率为 25 帧/秒。

12.1.2　项目创意及制作

1．素材资源

素材所在的位置：云盘"Ch12\制作汽车广告\(Footage)\01.jpg、02.png～05.png、06.mp3"。

2．作品参考

参考效果所在的位置：云盘"Ch12\制作汽车广告\制作汽车广告.aep"，如图 12-1 所示。

扫码观看
本案例视频

图 12-1

3．制作要点

使用"导入"命令导入素材文件，使用"卡片擦除"命令制作图像过渡效果，使用"位置"属性、"不透明度"属性制作动画效果，使用"淡入淡出-帧"预设制作动画效果。

12.2 纪录片的制作——制作城市夜生活纪录片

12.2.1 项目背景及要求

1. 客户名称

澄石生活网。

2. 客户需求

澄石生活网是一个生活信息综合平台，为人们提供餐饮、购物、娱乐、健身、医院、银行等生活信息的一站式查询服务。现在需要为该平台的都市夜景栏目设计纪录片，要体现出城市夜晚车水马龙的氛围，让观众了解都市热闹非凡的夜生活。

3. 设计要求

（1）画面要突出宣传主体，能表现出纪录片的特色。

（2）画面色彩要对比强烈，能吸引人们的视线。

（3）设计风格要统一，有连续性，能直观地表现宣传主题。

（4）设计规格为 1280 像素（宽）×720 像素（高），像素比为 1∶1，帧速率为 25 帧/秒。

12.2.2 项目创意及制作

1. 素材资源

素材所在的位置：云盘"Ch12\制作城市夜生活纪录片\(Footage)\01.mov、02.mp4、03.jpg、04.aep"。

2. 作品参考

参考效果所在的位置：云盘"Ch12\制作城市夜生活纪录片\制作城市夜生活纪录片.aep"，如图 12-2 所示。

图 12-2

扫码观看 本案例视频　扫码观看 本案例视频　扫码观看 本案例视频

3. 制作要点

使用"分形噪波"命令、"CC 透镜"命令、"圆"命令、"CC 调色"命令、"快速模糊"命令、"辉光"命令、"色相位/饱和度"命令制作动态线条效果，使用"应用动画预置"命令制作文字动画效果，使用"镜头光晕"命令制作灯光动画效果。

12.3　电子相册的制作——制作草原美景相册

12.3.1　项目背景及要求

1. 客户名称

卡嘻摄影工作室。

2. 客户需求

卡嘻摄影工作室是摄影行业比较有实力的摄影工作室，该工作室运用艺术家的眼光捕捉独特瞬间，使艺术性和个性得到充分的表现。该工作室现需要制作草原美景相册，要求表现草原独特的人文风光。

3. 设计要求

（1）相册要具有极强的表现力。

（2）使用颜色和效果烘托出人物特有的个性。

（3）要富有创意，体现出多彩的草原生活。

（4）设计规格为 1280 像素（宽）×720 像素（高），像素比为 1∶1，帧速率为 25 帧/秒。

12.3.2　项目创意及制作

1. 素材资源

素材所在的位置：云盘"Ch12\制作草原美景相册\(Footage)\01.jpg、02.png～04.png"。

2. 作品参考

参考效果所在的位置：云盘"Ch12\制作草原美景相册\制作草原美景相册. aep"，如图 12-3 所示。

扫码观看
本案例视频

图 12-3

3. 制作要点

使用"位置"属性和关键帧制作图片位移动画效果，使用"缩放"属性和关键帧制作图片缩放动画效果。

12.4 栏目的制作——制作探索太空栏目宣传片

12.4.1 项目背景及要求

1. 客户名称

赏珂文化传媒有限公司。

2. 客户需求

探索太空栏目是赏珂文化传媒有限公司推出的一档探索太空奥秘的电视栏目，以直观的形式表现太空的变幻莫测。现要求为该栏目设计宣传片，要求表现出神秘感和科技感。

3. 设计要求

（1）设计要直观醒目，体现出宇宙浩瀚、奥妙无穷的特点。

（2）图文搭配要合理，让画面既合理又美观。

（3）整体设计要能够彰显科技的魅力。

（4）设计规格为 1280 像素（宽）×720 像素（高），像素比为 1∶1，帧速率为 25 帧/秒。

12.4.2 项目创意及制作

1. 素材资源

素材所在的位置：云盘“Ch12\制作探索太空栏目宣传片\（Footage）\01.jpg、02.aep”。

2. 作品参考

参考效果所在的位置：云盘“Ch12\制作探索太空栏目宣传片\制作探索太空栏目宣传片.aep”，如图 12-4 所示。

扫码观看
本案例视频

扫码观看
本案例视频

图 12-4

3. 制作要点

使用“CC 星爆”命令制作星空效果，使用“辉光”命令、“摄像机镜头模糊”命令、“蒙版”命令制作地球和太阳动画效果，使用“填充”命令、“斜面 Alpha”命令制作文字动画效果。

12.5 节目片头的制作——制作美食栏目片头

12.5.1 项目背景及要求

1. 客户名称

"美食厨房"栏目。

2. 客户需求

"美食厨房"是一档以介绍做菜方法、做菜技巧、食材处理技巧和谈论做菜体会等为主要内容的栏目。现需要为"美食厨房"栏目制作美食栏目片头，要求符合主题，体现出健康、美味的特点。

3. 设计要求

（1）以食材和美食为主要内容。

（2）使用浅色的背景突出标题，烘托出干净、舒适的节目氛围。

（3）表现出简单易懂、色香味俱全的感觉。

（4）设计规格为 1280 像素（宽）×720 像素（高），像素比为 1：1，帧速率为 25 帧/秒。

12.5.2 项目创意及制作

1. 素材资源

素材所在的位置：云盘 "Ch12\制作美食栏目片头\(Footage)\01.png～16.png、17.mp3"。

2. 作品参考

参考效果所在的位置：云盘 "Ch12\制作美食栏目片头\制作美食栏目片头 .aep"，如图 12-5 所示。

扫码观看
本案例视频　　扫码观看
本案例视频　　扫码观看
本案例视频

图 12-5

3. 制作要点

使用"导入"命令导入素材文件，使用"位置"属性、"缩放"属性、"旋转"属性制作动画效果，使用"横排文字工具" T 和"效果和预设"面板制作文字动画效果。

12.6 短片的制作——制作新年短片

12.6.1 项目背景及要求

1. 客户名称

创维有限公司。

2. 客户需求

创维有限公司是一家贩售平整式包装的家具、配件、浴室和厨房用品等的企业。现因春节即将来临，需要制作新年短片，用于线上传播，以便与合作伙伴及公司员工联络感情和互致问候。要求宣传片具有温馨的祝福语言、浓郁的民俗色彩，以及传统的节日特色，能够充分表达公司的祝福与问候。

3. 设计要求

（1）要求既传统又具有现代感。

（2）使用直观醒目的文字来诠释短片内容，表现活动特色。

（3）使用具有春节特色的元素装饰画面，营造热闹的气氛。

（4）画面版式沉稳且富于变化。

（5）设计规格为 1280 像素（宽）×720 像素（高），像素比为 D1/DV PAL（1.09），帧速率为 25 帧/秒。

12.6.2 项目创意及制作

1. 素材资源

素材所在的位置：云盘"Ch12\制作新年短片\（Footage）\01.png～13.png、14.mp3"。

2. 作品参考

参考效果所在的位置：云盘"Ch12\制作新年短片\制作新年短片.aep"，如图 12-6 所示。

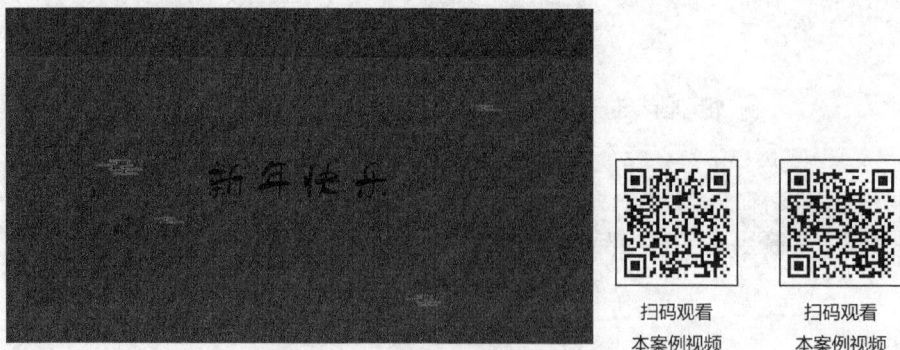

扫码观看
本案例视频

扫码观看
本案例视频

图 12-6

3. 制作要点

使用"导入"命令导入素材文件，使用"横排文字工具" **T** 和"效果和预设"面板制作文字动画效果，使用"位置"属性、"不透明度"属性、"旋转"属性和"缩放"属性制作动画效果。

| 12.7 | 课堂练习——设计电器网 MG 动画 |

扫码观看本 案例视频　扫码观看本 案例视频　扫码观看本 案例视频

12.7.1　项目背景及要求

1. 客户名称

爱上生活电器网。

2. 客户需求

爱上生活电器网是一家在电子商务领域受消费者欢迎和具有影响力的家电商务网站，在线销售各类家用电器，包括电饭煲、料理机、电烤箱、饮水机等。现需要为该网站设计一款 MG 风格的宣传动画，要求体现出网站产品丰富、种类齐全的特点。

3. 设计要求

（1）要具有极强的表现力。

（2）设计形式要简洁明晰，能表现宣传主题。

（3）要有特色，能够引起观者共鸣并激发其查看兴趣。

（4）设计规格为 1280 像素（宽）×720 像素（高），像素比为 1∶1，帧速率为 25 帧/秒。

12.7.2　项目创意及制作

1. 素材资源

素材所在的位置：云盘"Ch12\设计电器网 MG 动画\(Footage)\01.png～10.png、11.mp3"。

2. 制作提示

新建项目与合成并导入素材文件，制作蒙版动画，制作多个画面的动画，最后合成动画效果。

3. 知识提示

使用"导入"命令导入素材文件，使用"位置"属性、"缩放"属性、"不透明度"属性和"旋转"属性制作动画效果，使用"梯度渐变"命令制作渐变背景，使用"效果和预设"面板制作文字动画效果。

| 12.8 | 课后习题——设计端午节宣传片 |

扫码观看本 案例视频　扫码观看本 案例视频

12.8.1　项目背景及要求

1. 客户名称

时尚生活电视台。

2. 客户需求

时尚生活电视台是全方位介绍人们衣、食、住、行等资讯的时尚生活类电视台。端午节来临之际，要制作端午节宣传片，表现端午节的特点及其丰富多彩的娱乐活动。

3. 设计要求

（1）以粽子、竹子等为画面主体，体现宣传片的主题。

（2）设计形式要简洁明晰，能表现宣传主题。

（3）颜色对比要强烈，能直观地展示节目的性质。

（4）设计规格均为 1280 像素（宽）×720 像素（高），像素比为 1∶1，帧速率为 25 帧/秒。

12.8.2　项目创意及制作

1. 素材资源

素材所在的位置：云盘“Ch12\设计端午节宣传片\(Footage)\01.jpg、02.png～04.png、05.jpg、06.png～09.png、10.mp3”。

2. 制作提示

新建项目与合成并导入素材文件，将素材文件拖曳到“时间轴”面板，制作文字动画和图片动画，最后合成动画效果。

3. 知识提示

使用“导入”命令导入素材文件，利用“位置”属性、“不透明度”属性制作动画效果，使用“卡片擦除”命令制作图像过渡效果。

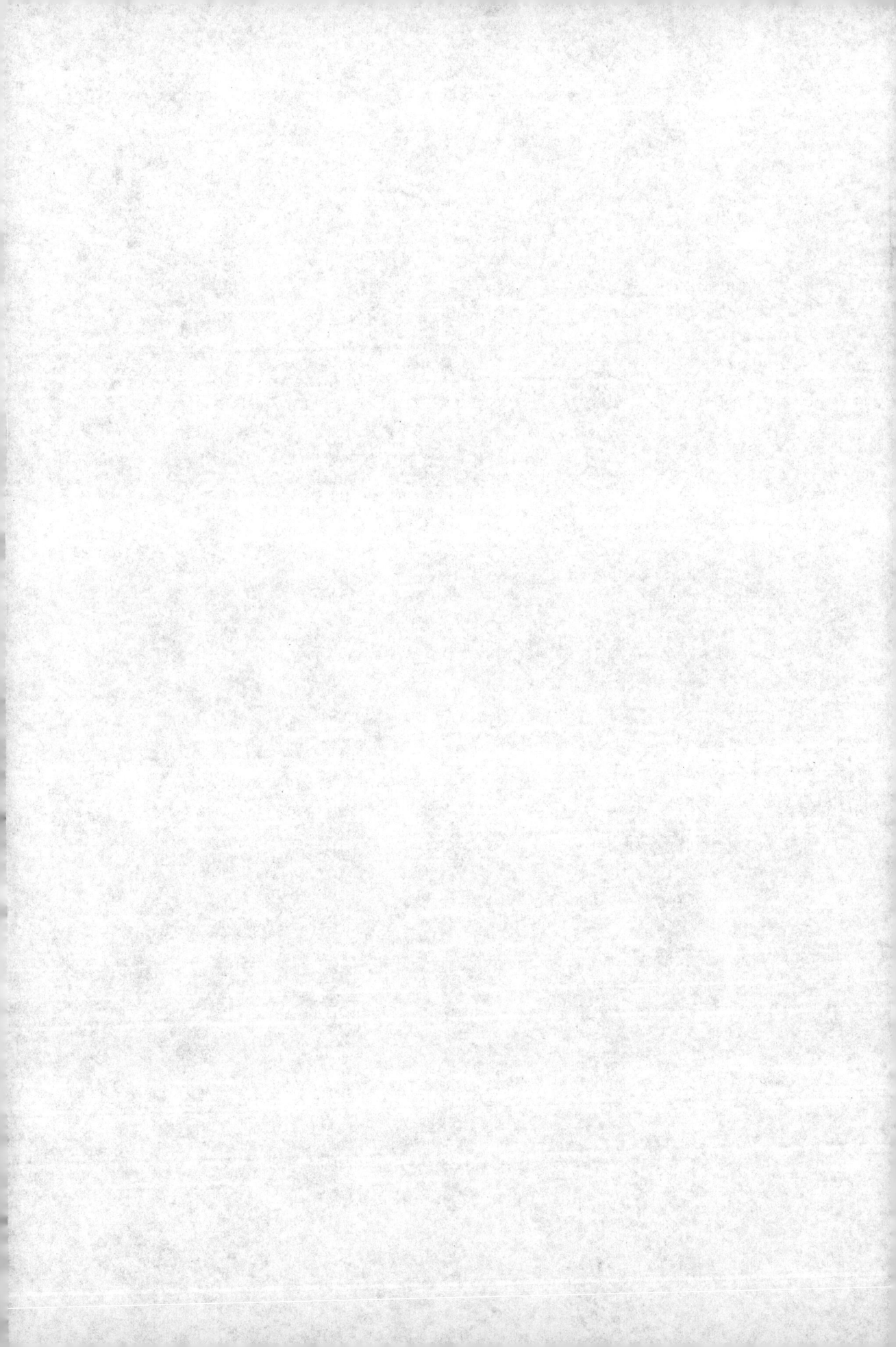